U0023375
Cook 50

Cook 50

Cook 50

Cook 50

花枝家族

花枝、章魚、小卷、透抽、軟翅、魷魚大集合

邱筑婷 著

The Cuttle Fish Family

朱雀文化事業有限公司 出版

無法抗拒的

Creative Cooking of the Cuttle Fish Family

烹飪遊戲

當朱雀文化與我洽談這本花枝家族的出版事宜時，老實說當時的我非常猶豫，原因是我才剛剛結束了一段大部分女性在這一生中幾乎都會遇到的「害喜」，好不容易身體的感覺終於回復到了正常狀態，正想可以好好的鬆一口氣了，沒想到工作邀約的電話立刻響起。基於對美食無法抗拒的誘惑，以及發行人的誠懇和爽朗，我的手不由得又開始癢了起來，終於還是投入了這份工作，開始埋首尋找資料、撰寫食譜。

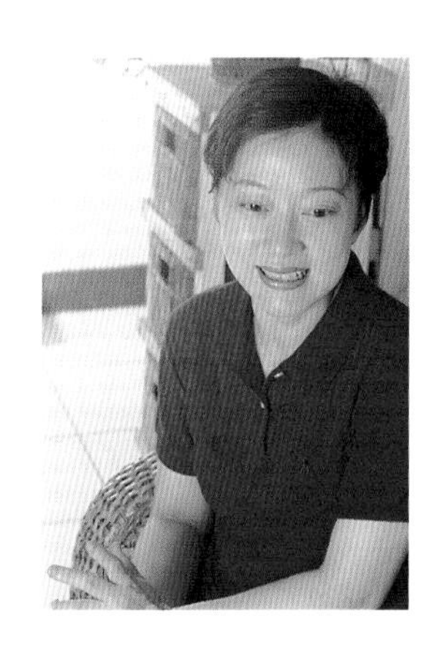

在本食譜中，包羅了八爪和十爪的軟殼海鮮，也就是八爪章魚和十爪烏賊，由於這類的海鮮口感非常類似，所以彼此之間都可以互相替代，讀者不需要執著於食譜上的主材料種類，主要的目的是希望提供你豐富多

樣的菜色變換，讓餐桌每次都有新花樣。而由於個人年紀尚輕，閱歷淺薄，可能有的材料運用不當或是選材範圍太狹隘，無論如何都希望能獲得各方前輩的指導，讓我們互相切磋，廚藝更精進！

最後我要特別感謝使這本書成功誕生的幕後推手高美燕以及莫少閒小姐，謝謝你們對我的信任與鼓勵，當然還要謝謝小燕妹妹、攝影師以及一直在默默蔽佑我的老天爺。我並非專業廚師，只是一個業餘的烹飪愛好者，卻非常的幸運能夠將興趣與工作結合，讓人生留下這一段美妙的紀錄，感謝所有參與企畫以及身邊每一個支持我的人。如有任何製作上的問題，歡迎透過電子郵件信箱與我聯繫——anniechu@mail.ht.net.tw

我會盡快回信。

邱筑婷

目錄 Contents

涼拌、清蒸、水煮類
Cold Plate, Steamed & Boiled

煎炒類
Fried & Stir-fried

本書使用說明

一、容積換算表

1公升＝1,000c.c.
1杯＝200c.c.
1大匙＝15c.c.
1茶匙＝5c.c.
1碗＝180c.c.
（由於每個家庭的碗大小不一，所以本食譜中的碗皆採180c.c.容積的容器為主）

二、重量換算表

1公斤＝1,000公克
1台斤＝600公克＝16兩

Contents

酥炸、焗烤類
Deep-fried & Baked

湯品、飯、麵點類
Soup, Rice & Noodles

認識可愛的花枝家族

About the Cuttle Fish Family

多數人都不太了解該如何分辨或是正確稱呼這類相似的近親家族，花枝、透抽、小卷、魷魚和軟翅皆屬十足目，只有章魚屬於八腕目。事實上花枝又稱作烏賊、墨魚，因為牠們都是會噴墨汁的海洋生物，而且體型相似，英文統稱Squid或是Cuttle Fish。以下介紹的是在本食譜中將陸續出現的品種。

家族成員

1 章魚（石居）Octopus

章魚的觸腳共有八隻，分類屬於八腕目。每一隻觸腳上都有許多的圓孔，也就是牠的吸盤，當章魚遇到敵人攻擊時，會噴出黑色的墨汁，並趁機逃走。

國人俗稱章魚為Taco，是日文翻譯來的，選購章魚時要注意牠的皮膚是否光亮透明，如果皮膚呈現混濁黯淡的顏色，則代表不新鮮，同時也要注意牠的眼睛，如果眼睛呈現透明水亮的感覺，就代表這是新鮮指數非常高的好品質。

也可以用力拍打章魚的觸腳，如果觸腳上的吸孔會收縮閉合，則代表是剛從海裡捕獲的。

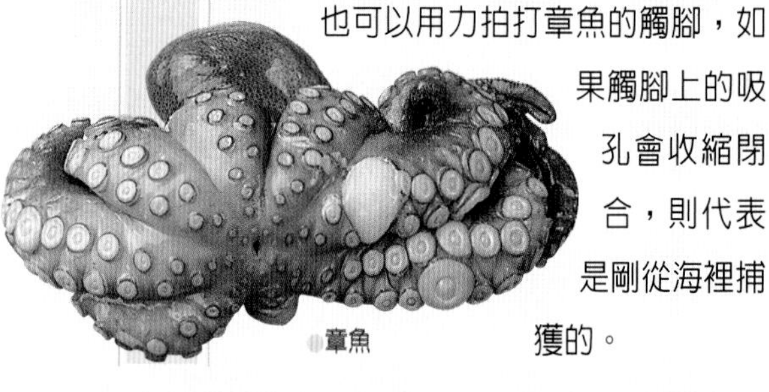

章魚

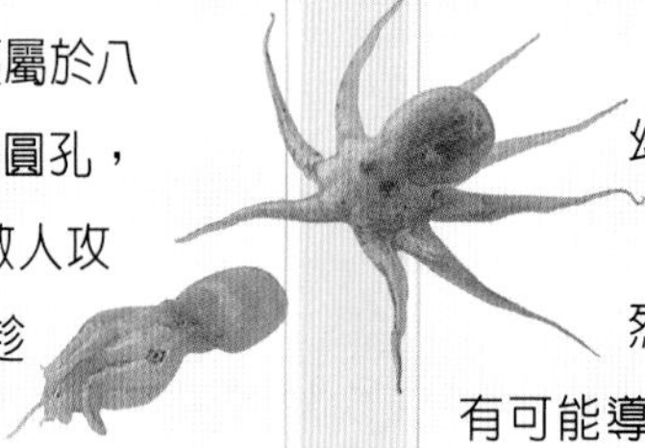

小章魚

另有一種小章魚，是章魚的幼型，選購時要特別聞一聞牠的味道，如果腥羶味非常強烈，則代表保存方式不正確，有可能導致品質變化，影響口感和健康。小章魚在傳統市場及超市較不易取得，最好至家樂福或萬客隆等大型量販店購買。

2 花枝（真烏賊）Cuttle Fish

花枝其實就是烏賊，分類屬於十足目、烏賊科。花枝的體型有大有小，肉身的厚度是所有烏賊科中最厚的，而且軀幹上半部圓胖，下半部稍微收尖。料理的時候通常需要切薄片、切丁或是切細花段，以免難以入口或是不易煮熟。

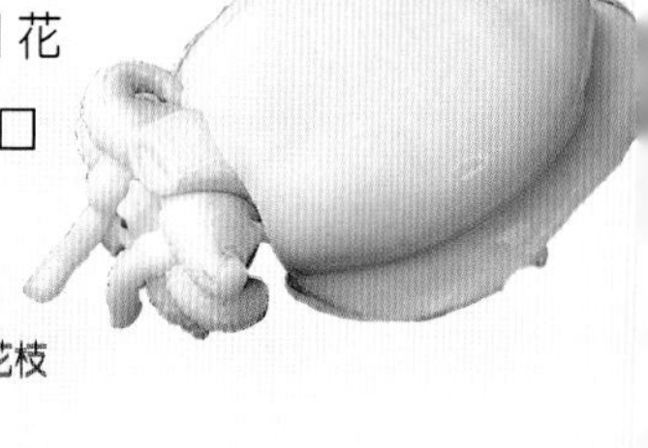

花枝

3 透抽（真鎖管）Neritic Squid

透抽的體型細長，軀幹尾端收尖，肉身的厚度適中，料理的時候不論是切花、切圈或是切段都很方便。

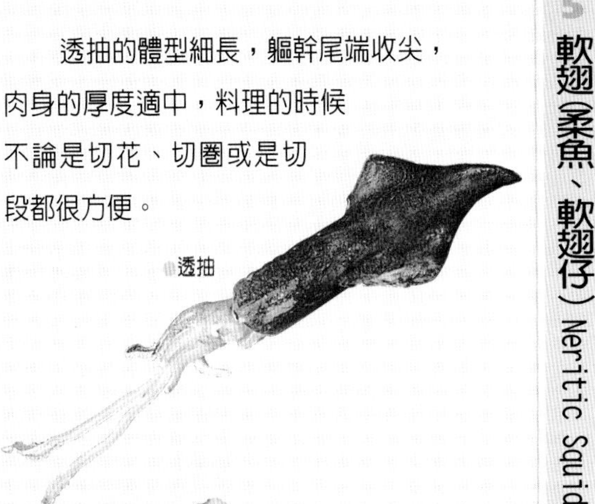
透抽

4 小卷（台灣鎖管、鎖管）Neritic Squid

小卷(大型)

小卷的體型有大有小，軀幹的上、中部呈現圓胖的體型，一般人也將體型較小者（15公分以下）稱作「小管」，牠是小卷的幼型。通常漁夫們將小卷捕獲上船後，就會立刻以滾水燙過，以避免發臭。市場上常見已經醃漬過的迷你型小卷，口味非常鹹，適合當作下酒菜。

小卷(中型)

小卷(迷你)

小卷(小型)

5 軟翅（柔魚、軟翅仔）Neritic Squid

軟翅的軀幹尾端呈橢圓形，肉身透明光亮，而由於台灣沿海的軟翅產量稀少，必須藉由馬來西亞、菲律賓等東南亞國家進口，所以在全程冷凍設備的護送之下，也提高了牠的售價。

軟翅

6 魷魚Squid

市場上常見的魷魚都是已經發泡過的魷魚，多半是紐西蘭或阿根廷進口；肉身呈現偏黃的顏色且已經切半。新鮮的魷魚體型比透抽大，軀幹的上半部較寬，尾端也是呈尖型。

魷魚

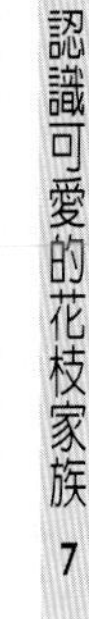

營養成份

不論是烏賊、章魚或是魷魚，營餐價值都很高，蛋白質含量達16%～20%，脂肪含量則不到2%，因此熱量亦低；對怕胖的人來說，吃花枝、魷魚是一種好的選擇。而魷魚的脂肪裡含有大量的高度不飽和脂肪酸如EPA、DHA，加上肉中所含的高量牛磺酸，都可有效減少血管壁內所累積的膽固醇，對於預防血管硬化、膽結石的形成都頗具效力；同時能補充腦力、預防老年痴呆症等。因此對容易罹患心血管方面疾病的中、老年人來說，魷魚更是有益健康的食物；除此之外也含有少量的鈣、鐵、維生素A和其他人體不可或缺的營養成份，非常適合一般體質的人食用，尤其是針對婦女和體質虛弱的人而言，這類食物更是所謂的高級營養品。

食用此類海鮮食物對於婦女產後乳汁不下、乳汁減少、經期量少或是產後氣血虧損特別有功效，同時對於體質虛弱的人而言也是增強體力的好食物，所以發育中的小朋友們應該多多攝取這類的食物，為將來的成長奠定穩固的基礎。

（資料來源：台灣區遠洋魷魚類產銷基金會）

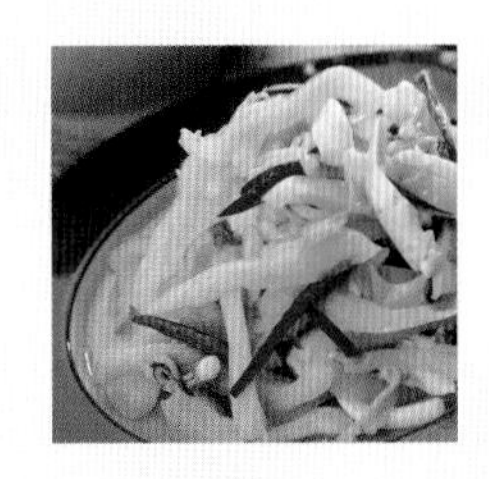

市場行情

本書所使用的主要食材都是在台北市的濱江市場購得的，主要原因是我在濱江市場採買生鮮蔬果的習慣已經有十多年了，所以理所當然這個市場是最熟悉不過了。但是當我仔仔細細的順著市場繞了一圈以後，竟然發現光是透抽的價錢就有不同的行情，從第一攤的1台斤（600公克）250元一直到1台斤180元，直到最後的1台斤90元，讓我非常驚訝於海鮮類的食物竟然是漫天喊價，也許魚販會告訴你這是活的、或者是進口的，所以價錢不同，但事實上幾乎除了軟翅需要靠東南亞沿海進口以外，其他的花枝家族都是台灣沿海的產物，根本沒有道理將售價抬高。

通常小卷的售價是每台斤約100元以下，透抽和魷魚的售價則是在每台斤80至120元之間，花枝的售價約每台斤80至160元之間，章魚和軟翅的售價則在每台斤150至250元之間。

當然海鮮類的售價偶爾會有波動，原因有很多，包括沿海海域受到污染而導致漁獲量減少，或是受到不肖業者有意哄抬價格等等，無論如何，當你選購的時候務必要睜大雪亮的雙眼，仔細挑選新鮮且價格合理的產品，才不至於花了一筆冤枉錢。

如何處理花枝家族

How to Prepare the Cuttle Fish

本書中所介紹的海鮮都非常適合冷凍保存，從市場購買了新鮮的花枝、烏賊或是章魚時，務必先將內臟清除，再依照下列的步驟將身體處理乾淨，最後準備乾淨的塑膠袋或是保鮮盒，將食材分類裝妥。

通常這一類的海鮮在妥善的儲存方式下，最長的保存期限可達半年，所以不妨在盛產季時以較低的價錢購買，將之冷凍保存，等到要宴客或是料理的時候再取出烹煮。

如果打算製作生魚片或是握壽司，建議購買新鮮的食材，畢竟生食的食物講求的就是新鮮。至於如果擔心購買了一大隻的花枝無法立刻消化完畢，建議把牠攪成泥，分裝在塑膠袋中壓扁冷凍保存，日後就可以隨時利用花枝泥製作千變萬化的料理。

1.將頭、足部拔除。

2.拉出肚內透明軟管。

3.將內臟清除。

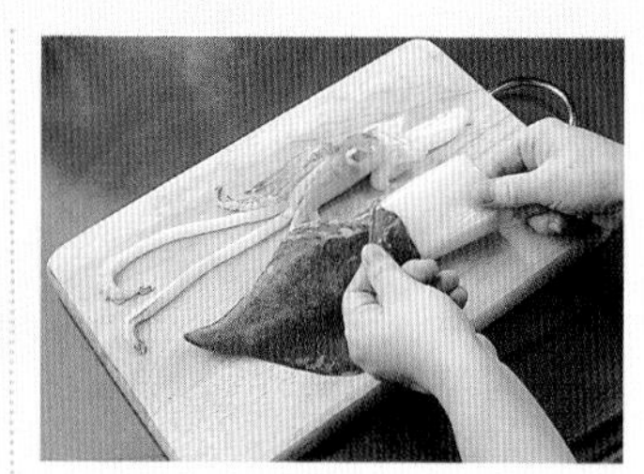

4.將外皮剝除。

5.眼睛以下切除。

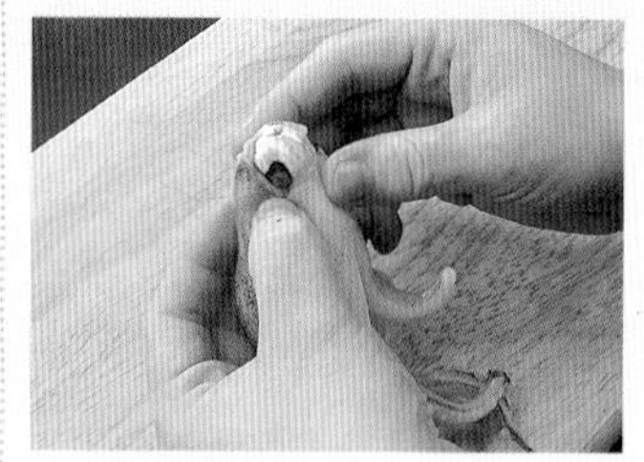

6.將眼球擠出。

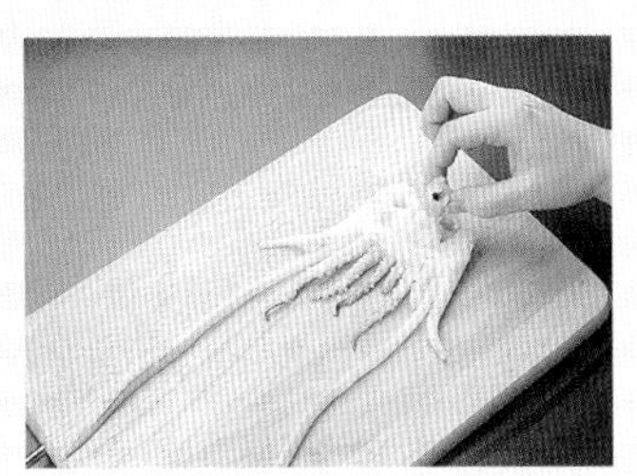
7.切開頭部，取出軟管。

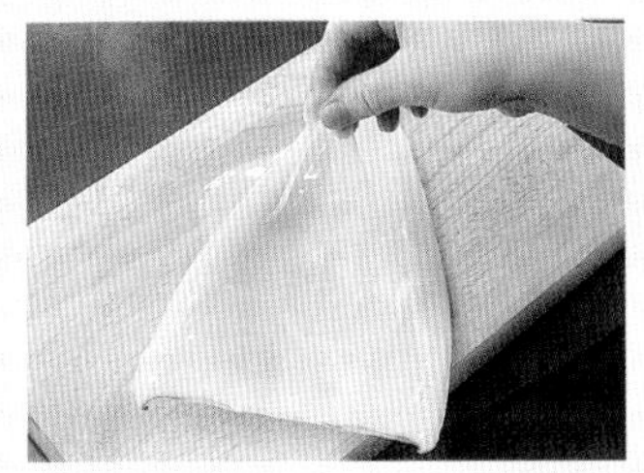
8.清除薄膜。

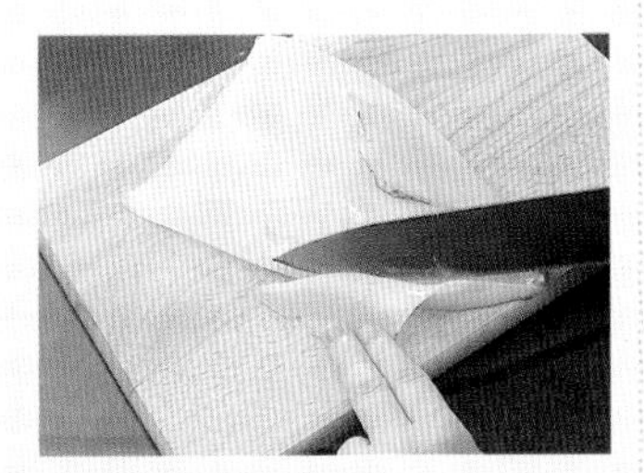
9.切除兩片軟鰭。

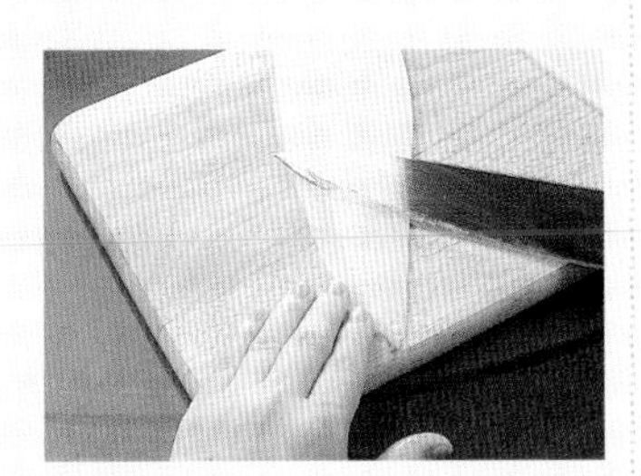
10.依同方向劃淺刀紋。

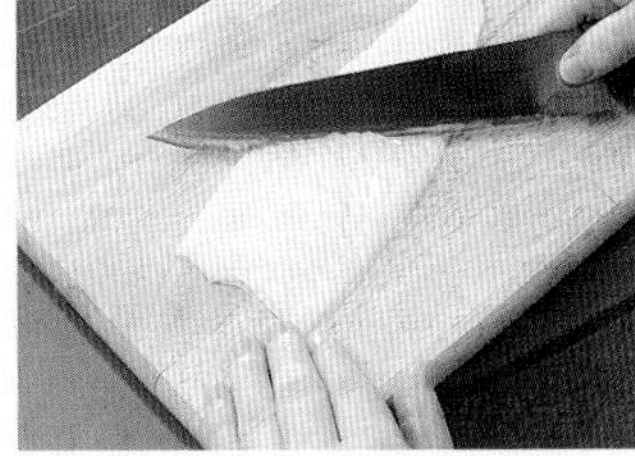
11.再依反方向劃淺刀紋，呈現十字斜紋。

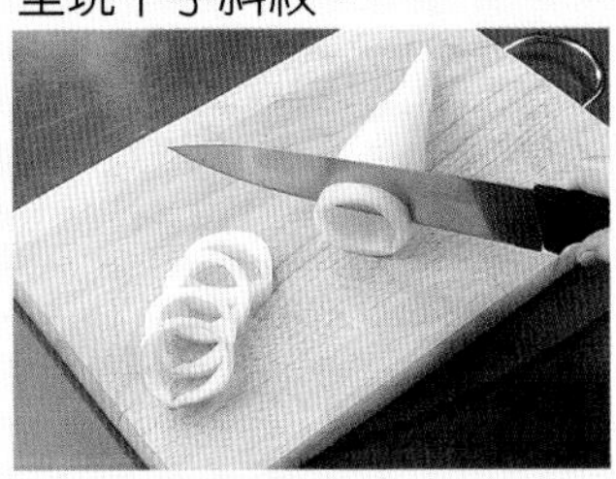
12.可切成圓段。

13.可切小段。

煮過的圓段。

煮過的小段

煮過的花段

涼拌、清蒸、水煮類的料理都相當清淡、低油和低熱量，非常適合注意卡路里攝取量的你。如果希望涼拌的花枝與章魚口感鮮脆，必須要注意的是將燙熟的肉立刻浸泡在冰水中，滾燙的肉遇到冰冷的水將使肉的口感更有彈性，所以這個步驟不可省略。

涼拌、清蒸、水煮類

橄欖油醋拌花枝

Cuttlefish with Olive Oil & Vinegar Dressing

材料

花枝……………………150公克
鹽漬鮪魚罐頭…………………1罐
水煮蛋……………………………2個
小番茄丁……………………1大匙
黑橄欖………………………1大匙
特純橄欖油………………100c.c.
烏斯特黑醋 ………………10c.c.
鹽、胡椒 ……………………適量
巴西里末 ……………………少許

(A)

洋蔥…………………………1/4個
小黃瓜………………………1/2條
紅甜椒………………………1/4個

做法

1.將花枝的背面切十字斜紋，再切成條狀，放入滾水中燙熟後撈起，立刻放入冰水中浸泡。
2.鮪魚湯汁瀝乾，水煮蛋切4瓣，將花枝、小番茄、黑橄欖和鮪魚放入攪拌盆中拌勻，再置於盤中並放上水煮蛋。
3.將(A)料放入攪拌機內打成細碎，與橄欖油、烏斯特黑醋混合攪拌，淋在花枝料上，最後撒上鹽、胡椒和巴西里末即可。

烹飪小祕訣

- 小黃瓜可以改成酸黃瓜，這道料理最好是在夏天冰冰的吃，配上冰涼的啤酒，暑氣全消。
- 烏斯特黑醋（Worcestershire Sauce）是由白醋、糖蜜、大蒜粉、鯷魚醬、羅望子等混合製作而成，較一般醋香，大型超市有售；使用黑醋或是義大利Balsamic黑醋也可以。

五香章魚盤

Five-spice Octopus

材料

章魚…………………………600公克
五香滷包…………………………1包
醬油…………………………3大匙
清水…………12碗(約2,160c.c.)
冰糖…………………………1大匙
薑絲或香菜 …………………少許
五香粉或辣椒醬 ……………適量

做法

1. 將章魚、五香滷包、醬油、冰糖和水放入鍋中，以小火煮至沸騰後，關火蓋上鍋蓋燜，慢慢讓滷汁滲入章魚肉裡面，待涼不燙手即可將章魚撈起。
2. 滷好的章魚待涼後切薄片，配上薑絲和沾醬(五香粉或辣椒醬)即可食用。

烹飪小祕訣

- 加了冰糖的滷汁口感鹹中帶甘，也可以改用4~5片甘草來替代冰糖的效果。

章魚沙拉

Octopus Salad

材料

章魚 ··························300公克
高麗菜 ····························2片
哇沙米 ··························1大匙
美奶滋 ··························2大匙

做法

1. 章魚整隻放入滾水中燙熟後撈起，立刻放入冰水中浸泡，待章魚肉降溫後再斜切成薄片備用。
2. 高麗菜洗淨後切細絲，再將哇沙米、美奶滋混合拌勻，高麗菜絲鋪在盤底或盤邊，放上切片的章魚即可。

烹飪小祕訣

- 除了哇沙米之外，再推薦桔子醬試試看，桔子醬是客家人的特產，偶爾會在桔子盛產後的季節出現在傳統市場，用來沾肉片和海鮮都很對味。

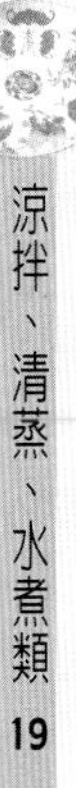

軟翅蔬菜沙拉

Neritic Squid with Vegetable Salad

材料

軟翅……………………100公克
綠椰菜…………………………1碗
玉米筍 ……………………適量

(A)

醬油膏……………………2大匙
番茄醬……………………3大匙
細糖………………………2大匙
黑醋………………………2大匙
香油………………………1茶匙
蔥末、薑末、蒜末………各1茶匙
香菜末、辣椒末…………各1茶匙

做法

1.將軟翅的背面切十字斜紋，再切成小片，放入滾水中燙熟後撈起，立刻放入冰水中浸泡。綠椰菜和玉米筍放入滾水中燙熟後撈起瀝乾。
2.將(A)料全部混合攪拌均勻即是五味醬。
3.準備1個淺盤，將材料置於盤上，食用時淋上五味醬即可。

烹飪小祕訣

將五味醬的材料全部置於攪拌機內打成細碎，就可以免去在砧板上切碎末的時間。

酸辣小章魚

Sour-spicy Small Octoups

材料

小章魚……………………150公克
洋蔥…………………………1/2個
泰式酸辣醬…………………3大匙
糯米醋………………………1大匙
黑醋………………………1/2大匙
檸檬汁……………………1/2大匙
辣椒醬……………………1/2大匙
白芝麻 ………………………少許
巴西里末 ……………………少許

做法

1.小章魚放入滾水中燙熟後撈起，立刻放入冰水中浸泡。
2.洋蔥切細絲，與其他所有的材料攪拌均勻。
3.將小章魚瀝乾，與特製醬料混合拌勻置入盤中，上面再撒上白芝麻和巴西里末即可。

烹飪小祕訣

泰式酸辣醬是一種口感帶酸、辣、甜的醬料，但是辣的味道並不會特別明顯，也可以用魚露來替代。

高麗菜花枝卷

Cuttle Fish Cabbage Roll

材料

花枝丁……………………300公克
高麗菜……………………1個
魚漿………………………600公克
紅蘿蔔……………………1/4個
鹽、白胡椒粉………………適量
昆布………………………2片
白蘿蔔……………………1個
清水………………………800c.c.

做法

1. 將高麗菜心挖出(圖1)，整個高麗菜放入滾水中燙軟後(圖2)再取出剝片，並切除硬梗(圖3)。
2. 紅蘿蔔刨絲切碎後瀝乾水份，與花枝丁、魚漿混合拌勻，加鹽和胡椒混合，每1片高麗菜上放入適量的餡料後捲起（圖4），收口處沾上少許麵糊黏合（圖5）。
3. 將捲好的高麗菜卷放入蒸鍋中以大火蒸15分鐘。
4. 將清水、昆布、白蘿蔔以小火煮沸，熄火。放入高麗菜卷，將白蘿蔔蓋在高麗菜卷上面，再壓上重的耐熱器皿以防止高麗菜卷滾動，最後蓋上鍋蓋續燜60分鐘即可取出。

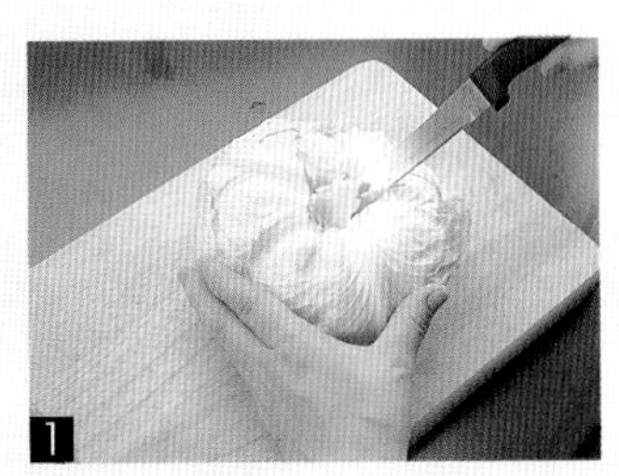

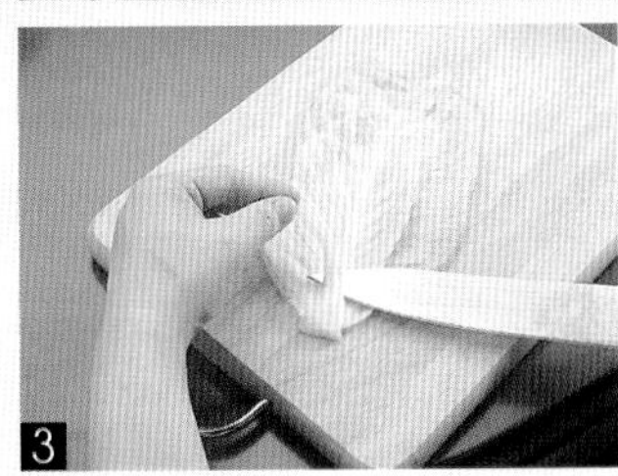

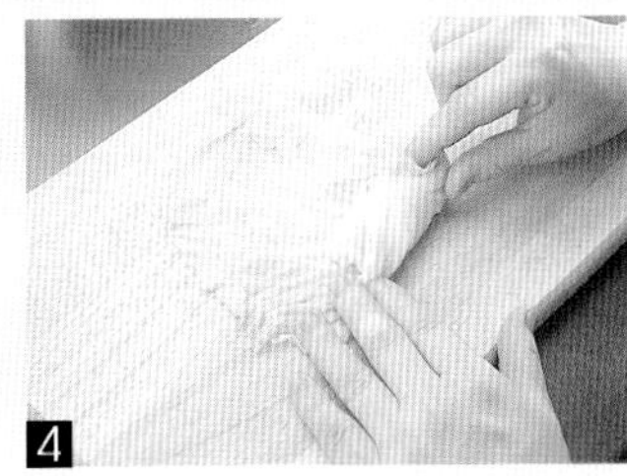

烹飪小祕訣

- 使用魚漿的時候最忌加入湯湯水水的調味料，魚漿會因此而無法保持黏性，因此操作的時候記得將雙手保持乾燥，並將配料多餘的水份確實瀝乾。
- 熬煮的高湯中加入白蘿蔔和昆布，可以提升湯頭的甘甜味，吃素的人也可以使用這種方式熬煮充滿日本口味的素高湯。昆布可至一般超市購買，通常是透明塑膠袋包裝，呈乾絲狀。

章魚軟翅握壽司

Octopus with Neritic Squid Nigirizushi

材料

章魚……………………………6人份
軟翅……………………………6人份
蠔油……………………………2大匙
清水……………………………3大匙
太白粉………………………1/2大匙
青蔥末 …………………………少許
哇沙米、醬油 ………………適量
白米………………………………3杯

(A)

白醋…………………………1/2杯
細糖…………………………1/2杯
鹽………………………………1茶匙

做法

1. 白米洗淨入電鍋煮熟，趁熱拌入(A)料，待涼備用。
2. 章魚整隻放入滾水中燙熟後撈起，立刻放在冰水中浸泡，待涼後再切薄片。
3. 軟翅整片以熱開水燙過後，立刻放入冰水中降溫，再切片備用。
4. 小鍋內倒入水煮沸，加入蠔油拌勻，最後調太白粉水勾芡。
5. 將醋飯捏成橢圓狀，上面抹哇沙米、醬油(圖1)，分別將醋飯按壓於章魚、軟翅上(圖2)，再左右稍壓捏(圖3)，最後在章魚的表面抹上薄薄的蠔油，撒上青蔥末即可。

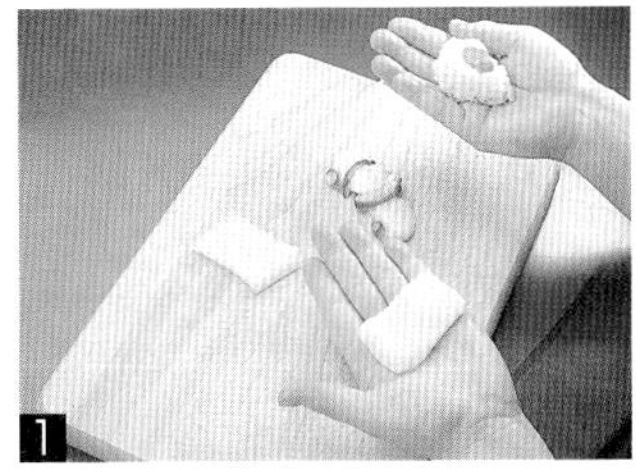

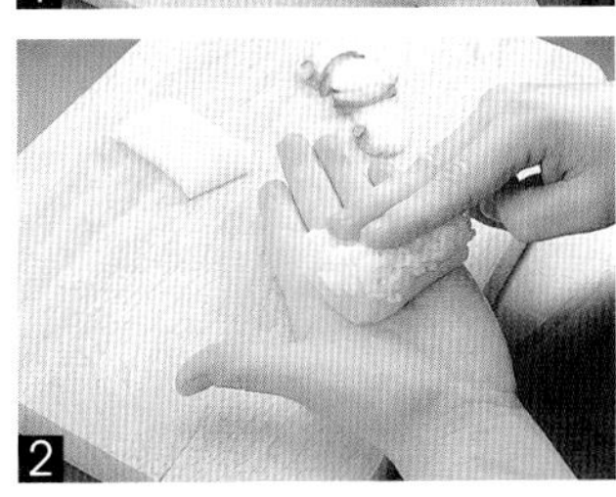

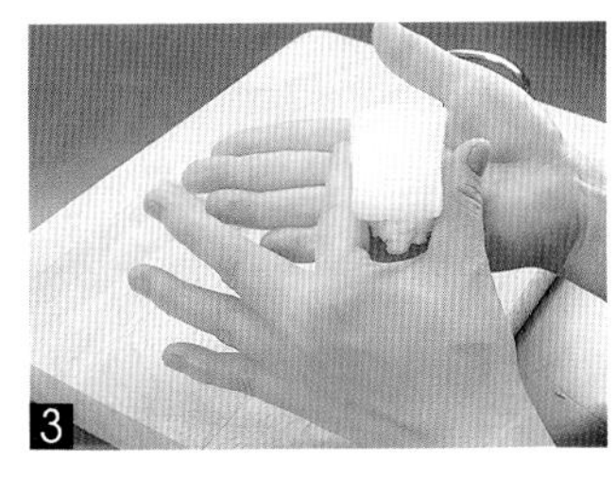

烹飪小祕訣

- 燙過的軟翅吃起來的口感才不至於黏糊糊的，而軟翅除非是在出海船釣時捕獲後立刻做成握壽司或沙西米，否則最好先燙過後再食用。
- 採買的海鮮如果是新鮮的，則只需要稍微以熱開水燙過；如果放置太久或未急速冷凍，則必需完全燙熟。

鑲花枝油豆腐

Cuttle Fish in Triangle Tofu

材料

花枝丁……150公克
三角油豆腐……20個
芥蘭菜……6根
薑泥……1/2大匙
鹽、白胡椒粉……適量
麻油……1/2大匙
蔥末……1大匙
清水……2碗(約360c.c.)
太白粉……少許
香鬆……少許

做法

1. 花枝丁放入食物處理機內攪成泥，再加入薑泥、鹽、白胡椒粉、麻油和蔥末拌勻。
2. 三角油豆腐放入滾水中汆燙後撈起，在油豆腐的底部劃一個開口(圖1)，塞入花枝餡(圖2)，然後將製作好的油豆腐包開口朝上整齊的排列在蒸盤上，放入蒸鍋中以大火蒸15分鐘，至熟透。
3. 芥蘭菜放入滾水中燙熟後撈起，另起1個平底鍋倒入清水和適量的鹽煮沸，加太白粉水勾芡，放入燙熟的青菜約略攪拌後關火。
4. 將蒸熟的油豆腐取出放置在青菜上面，撒上香鬆，再淋上剩餘的湯汁即可。

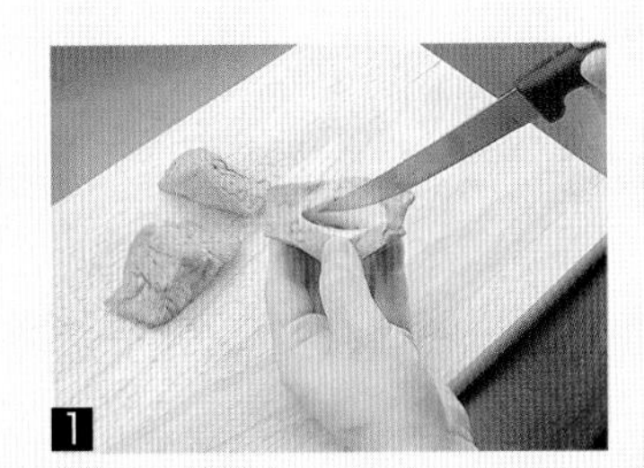

1

2

◎ 選購油豆腐時盡量挑大的，油豆腐入水汆燙的時間不宜過久，以免質地變軟而容易破裂。

紫米海鮮丸

Seafood Rice Ball

材料

花枝丁……150公克
豬絞肉……150公克
洋蔥……1/4個
紫糯米……1/2杯
長糯米……1/2杯
麵粉……適量
蛋液……1個

(A)

麻油……1/4大匙
鹽、白胡椒粉……適量

做法

1. 兩種糯米洗淨後浸泡清水4個鐘頭以上，瀝乾備用。
2. 花枝攪成泥、洋蔥切細末，與絞肉、(A)料混合攪拌並用力摔打出泥，再用沾濕的雙手捏成乒乓球大小的丸子，表面滾上麵粉，放入冰箱冷凍30分鐘。
3. 取出冷凍過的丸子，表面滾上蛋液，再裹上糯米，放入蒸籠以大火蒸約15分鐘，即可取出食用。

烹飪小祕訣

◎ 丸子要經過冷凍的手續，否則會非常柔軟而不好操作。這道料理可以提前製作完成，放入冰箱冷凍室保存，等到食用前再取出放入電鍋蒸熟即可。

透抽蔬菜鑲飯

Rice with Vegetable in Neritic Squid

材料

透抽（大型）…………………2隻
白飯……………………………2碗
紅蘿蔔…………………………1個
小黃瓜…………………………1個
黑橄欖………………………1大匙
咖哩粉……………………1/2大匙
薑黃粉……………………1/4大匙
鹽、胡椒 ……………………適量
橄欖油………………………2大匙

做法

1.紅蘿蔔和小黃瓜分別切成4根細長條狀，放入滾水中稍微汆燙後撈起備用。黑橄欖切小丁備用。
2.炒鍋中倒入橄欖油，放入白飯拌炒，並加入咖哩粉和薑黃粉，起鍋前加入黑橄欖、鹽和胡椒炒勻。
3.將炒好的飯塞入透抽內（約八分滿），再各塞入2條紅蘿蔔和小黃瓜（圖1），開口處用牙籤固定，以防餡料掉出（圖2）。
4.將透抽飯放入蒸鍋中以大火蒸約15～20分鐘，取出蒸熟的透抽飯切片，放置在盤上即可。

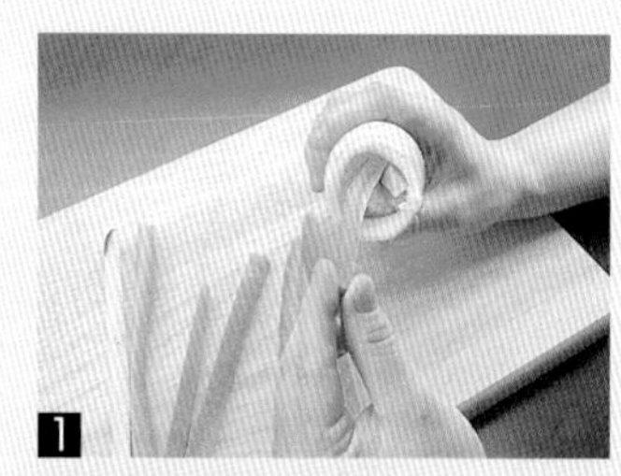

1

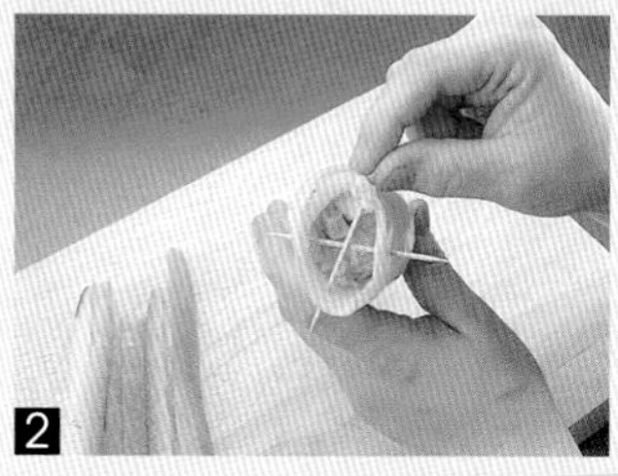

2

烹飪小祕訣

◎ 請盡量選購體型較大的透抽來製作這道料理，米飯只需塞到八分滿，以免蒸熟的時候米飯掉出。

章魚蒸蛋

Octopus in Steamed Egg

材料

章魚 ………………………60公克
蛤蜊 …………………………10個
秋葵……………………………3支
蛋………………………………5個
清水……………………180c.c.
鹽 ……………………………適量
味醂………………………1/2大匙

做法

1. 將蛤蜊以鹽水浸泡，使其吐沙；章魚燙熟後撈起，浸泡在冰水中降溫後取出切片；秋葵切片放入滾水中稍燙後撈起，將章魚、秋葵和蛤蜊均勻的放在蒸杯裡。
2. 鹽和味醂放入清水中攪拌均勻，蛋打散並透過濾網篩除泡沫，再與清水混勻，分別倒入蒸杯裡約八分滿，再移入蒸鍋內以強火蒸約10分鐘即可取出食用。

烹飪小祕訣

- 蒸蛋中加一點味醂，蒸好的蛋質地特別綿密柔細。如果沒有味醂，則可以改用1/8茶匙的醋和米酒來替代。
- 味醂是一種由米發酵而成的調味料酒，有甜味，常用在日式的料理上，可以用來增加食物的色澤、味道。味醂在日式百貨公司的超市，或高島屋的裕毛屋超市可以買到。

Fried & Stir-fried · Fried & Stir-fried · Fried & Stir-fried · F

煎炒類

The Cuttle Fish Family

煎炒類的料理相信是多數人最爲熟悉的，也是下飯配酒的好搭檔，同時還很適合做爲可口的便當菜喔!如果你沒有親自下廚試做看看，你將不會知道這些在餐廳裡售價不便宜的菜餚是多麼好料理!

豆豉花枝

Cuttle Fish with Fermented Black Bean

材料

花枝……100公克
豆豉……2大匙
韭菜花……1小把
大蒜……2粒
辣椒……1支
醬油……1/2大匙
米酒……1/4大匙
沙拉油……2大匙

做法

1.花枝先切中段再切丁，韭菜花切丁、大蒜切丁、辣椒切丁。
2.起油鍋，先放入大蒜和辣椒爆香，將花枝和韭菜花放入翻炒，再加入豆豉炒勻。
3.起鍋前加入醬油和米酒調味即可食用。

烹飪小祕訣

- 韭菜花可以改用雪裡紅替代，豆豉已經是具有鹹度的調味品，所以不需再添加過多的鹽份。

牛蒡炒花枝

Cuttle Fish with Sliced Burdock

材料

花枝……150公克
牛蒡……1支
黑、白芝麻……各1/2大匙
鹽……適量
沙拉油……2大匙

做法

1.花枝切圓段，牛蒡削皮切絲，立刻泡在水裡，以防止變色。
2.炒鍋內倒入沙拉油，放入花枝先翻炒數下，再將牛蒡瀝乾放入翻炒，最後加黑、白芝麻和鹽調味即可起鍋。

烹飪小祕訣

挑選質地柔軟易彎曲的牛蒡，口感才會鮮嫩好吃。牛蒡如果沒有立刻泡水，表面會因為氧化而變黑，所以烹飪牛蒡時務必準備1鍋的清水，必要的時候還必須不停的換清水防止變色。

花枝煎餅

Cuttle Fish Cake

材料

花枝……………………100公克
魚漿……………………150公克
荸薺…………………………2個
巴西里………………………1把
鹽、花椒粉 ………………適量
麵粉 ………………………適量
沙拉油……………………3大匙

做法

1. 花枝剁碎，或是放在食物處理機內絞碎，與魚漿混合均勻。荸薺和巴西里切碎後加入攪拌，最後加入鹽和花椒粉拌勻。
2. 用湯匙將花枝泥平均分成數小堆，雙手沾上少許麵粉，將花枝泥先搓圓再拍扁，每個材料兩面沾上少許的麵粉，再放入冰箱冷凍30分鐘。
3. 平底鍋內倒入沙拉油熱鍋，將拍扁的花枝泥放入煎至兩面金黃，取出瀝乾油後即可置於盤上。

烹飪小祕訣

- 荸薺的湯汁務必要瀝乾，否則會影響魚漿的黏度。
- 新鮮的巴西里在較大的超市均有售，傳統市場有時也有賣。

烹飪小祕訣

◎ 這是一道非常簡單而美味的料理，除了使用大白菜以外，還可以使用青江菜、小白菜或是百合球莖。

蠔油章魚

Octopus with Oyster Sauce

材料

章魚……100公克
大白菜……3片
金針菇……適量
沙拉油……2大匙
麻油……少許

(A)

蠔油……3大匙
糖……1/2茶匙
醬油……1/4茶匙
黑醋……1/4茶匙
太白粉……1大匙
清水……5碗(約900c.c.)

做法

1.章魚切片，大白菜切片，金針菇撕成一條一條。大白菜和金針菇先放入滾水中燙軟後撈起備用。
2.炒鍋內倒入沙拉油，放入章魚片翻炒，將(A)料攪拌均勻後倒入，此時也將大白菜和金針菇放入，改中小火慢煮至湯汁濃稠。
3.淋上少許麻油後關火，即可裝盤食用。

章魚煎

Octopus with Shrimp & Konnyaku Cake

材料

章魚……150公克
蝦仁……半碗
蒟蒻……30公克
沙拉油……適量
柴魚片……1大匙
青蔥末……1大匙

(A)
蛋……1個
麵粉……2大匙
清水……60c.c.

(B)
醬油……1大匙
糖……1/2茶匙
鹽、白胡椒……適量

做法

1. 將(A)料調勻成濃稠的麵糊備用，章魚切片、蝦仁去腸泥、蒟蒻切丁備用。
2. 平底鍋內倒入沙拉油，放入章魚、蝦仁和蒟蒻翻炒，加(B)料調味，用鍋剷將材料壓平。
3. 將麵糊均勻的倒入平底鍋中，撒上柴魚片和青蔥末，轉小火蓋上鍋蓋燜約20秒後，即可盛盤。

烹飪小祕訣

- 這就是市面上常見的章魚燒做法，你也可以隨意變換內餡材料，或是淋上喜愛的醬料搭配食用。
- 蒟蒻可至一般超市購買，有塊狀、條狀，通常1包約200公克。蒟蒻幾乎不含熱量，而且可以預防便秘及抑制膽固醇上升，但是不宜生食，最好煮熟後再食用。

三杯小卷

Neritic Squid with Three Sauce

材料

小卷（大型）……………………1隻
黑麻油…………………………3大匙
薑………………………………6片
醬油……………………………3大匙
大蒜……………………………6粒
米酒……………………………3大匙
糖……………………………1/4茶匙
九層塔…………………………2支

做法

1.小卷切段，九層塔洗淨擦乾。
2.炒鍋內倒入黑麻油熱鍋，放入薑片爆香，再放入已切段的小卷和醬油翻炒。
3.將大蒜、米酒和糖也放入翻炒，蓋上鍋蓋待收汁時，再將九層塔放入略翻炒後即可起鍋。

烹飪小祕訣

這道料理務必使用黑麻油才能將味道引出，薑片要爆到脆脆的，但是不要過老。

醬爆小卷

Small Neritic Squid with Spicy Bean Sauce

材料

小卷（小型）…………………1碗
劍筍…………………………半碗
辣椒…………………………2支
大蒜…………………………2瓣
蔥……………………………1支
辣豆瓣醬……………………1大匙
糖…………………………1/2茶匙
米酒…………………………1大匙
鹽、黑胡椒粉………………適量
沙拉油………………………2大匙

做法

1.小卷和劍筍先放入滾水中汆燙後撈出備用。
2.辣椒切斜段，大蒜切碎，蔥切中段。
3.炒鍋內倒入沙拉油熱鍋，先放入辣豆瓣醬炒過，再將所有的材料倒入拌炒，最後加入鹽和黑胡椒粉炒勻即可起鍋。

烹飪小祕訣

辣豆瓣醬可改成甜麵醬，或是兩種醬料都加入調味。

宮保透抽

Szechuan Neritic Squid

材料

透抽（大型）……………………1隻
太白粉…………………………1大匙
生花生…………………………1/3碗
沙拉油 ………………………適量

(A)

青椒……………………………1個
辣椒……………………………5支
青蔥丁…………………………1大匙
薑丁…………………………1/2大匙

(B)

醬油……………………………2大匙
糖………………………………2茶匙
鹽、花椒粉 …………………適量
醋……………………………1/2茶匙
米酒…………………………1/2大匙
麻油 …………………………少許

做法

1. 花生以溫火炸黃後撈起備用，透抽切圓段，表面擦乾後撒上太白粉，放入油鍋中炸至金黃後撈起瀝乾備用。
2. 青椒切片，辣椒切斜段，將(A)料放入炒鍋中爆香，再放入炸過的透抽以及(B)料，最後放入炸過的花生翻炒即可起鍋。

烹飪小祕訣

- 這裡使用的辣椒最好是辣椒乾，才能呈現出宮保的味道，而且辣椒的量也要多一點，炸花生更是不可少的材料。
- 花生應使用無味的生花生現炸較香脆，如直接購買已炒好的油炸鹽味花生，口感較差且較鹹。

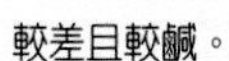

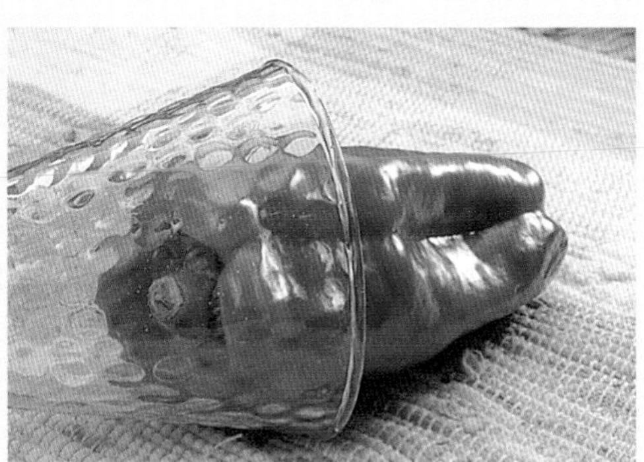

糖醋透抽

Sweet-sour Neritic Squid

材料

透抽（大型）……………………1隻
筍片………………………………1碗
薑絲、蔥絲、辣椒絲 ………少許
沙拉油…………………………2大匙

(A)

清水 ………………………90c.c.
太白粉……………………1/4大匙
番茄醬…………………………2大匙
白糖……………………………2大匙
白醋……………………………1大匙
鹽 ………………………………少許

做法

1.將透抽肉身內部切十字斜紋，再切片。
2.將(A)料的清水混合太白粉後，加入其它調味料混合攪拌。
3.炒鍋內倒入沙拉油，放入透抽和筍片翻炒，加入（A）料調味，炒熟後起鍋置於盤上，表面撒上薑絲、蔥絲、辣椒絲即可。

烹飪小祕訣

- 喜歡酸味的人可以減少糖的份量；蔬菜的種類也可以依照個人喜好酌量增加或是變化。

咖哩透抽

Curry Neritic Squid

材料

透抽（中型）…………………1隻
洋蔥…………………………1/4個
紅甜椒………………………1個
甜豆莢 ……………………半碗
鹽、糖 ……………………適量
清水 ……………2碗(約360c.c.)
沙拉油……………………2大匙

(A)

咖哩粉……………………2大匙
薑黃粉……………………1茶匙
荳蔻粉……………………1茶匙
肉桂粉……………………1茶匙
粗粒黑胡椒粉……………1茶匙

做法

1.透抽縱向切開，肉身內面切十字斜紋，再切小段。洋蔥切絲，紅甜椒切絲，甜豆莢去蒂頭。
2.炒鍋內倒入沙拉油熱鍋，先放入洋蔥炒至顏色變深褐色，放入透抽、甜紅椒和甜豆莢翻炒數下，再加入(A)料，讓材料均勻的沾上調味粉。
3.倒入清水，轉微火慢煮至收汁，最後加入鹽和糖調味即可起鍋。

烹飪小祕訣

不必擔心這道料理使用的調味料很陌生，在百貨公司及頂好、松青等大型超市均可買到罐裝的調味粉；使用這些調味料的目的是在於增加這道料理的異國風味，如果你不方便購買，則可以只保留咖哩粉，其他省略。

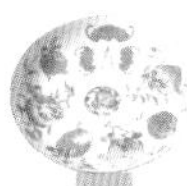

清炒透抽

Neritic Squid with Vegetable

材料

透抽(大型)……………………1隻
紅蘿蔔…………………………1個
玉米筍 ……………………4～6支
甜豆莢 ………………………適量
蔥………………………………1支
鹽、白胡椒粉 ………………適量
糖…………………………1/2茶匙
黑醋…………………………1茶匙
太白粉………………………1茶匙
清水 …………………………適量
沙拉油………………………2大匙

做法

1. 透抽切段，玉米筍斜切片，甜豆莢去蒂頭，紅蘿蔔切薄片，蔥切段備用。
2. 炒鍋內倒入沙拉油熱鍋，放蔥段爆炒，再放透抽、玉米筍、甜豆莢和紅蘿蔔，以大火翻炒數下。
3. 將糖、鹽、胡椒和黑醋倒入鍋中調味，此時調太白粉水倒入勾薄芡後即可起鍋。

烹飪小祕訣

- 這是一道家常而可口的料理，注意勾芡不需太濃，否則就失去了清炒的意義。

黑胡椒軟翅

Neritic Squid with Black Pepper Sauce

材料

軟翅……………………150公克
薑…………………………1支
辣椒………………………1支
黑胡椒醬…………………1大匙
鹽、黑胡椒粉 ………………適量
沙拉油……………………2大匙

做法

1. 軟翅切段，薑切絲，辣椒切絲。
2. 起油鍋，先放入薑絲和辣椒絲爆香，接著放入軟翅段翻炒，最後加入黑胡椒醬炒勻。
3. 起鍋前加鹽和黑胡椒粉調味。

烹飪小祕訣

- 黑胡椒粉可以改用粗粒黑胡椒，這樣炒出來的菜色看起來就非常的下飯了。

酸菜薑絲炒軟翅

Neritic Squid with Sour Leaf Mustard & Ginger

材料

軟翅 ………………120～150公克
酸菜 ……………………………4片
薑絲 ……………………………適量
辣椒 ……………………………2支
白醋 ………………………1/2茶匙
黑醋 ………………………1/4茶匙
沙拉油 …………………………2大匙
鹽 ………………………………適量

做法

1.軟翅切細長段，酸菜切絲，辣椒切絲備用。
2.炒鍋內倒入沙拉油熱鍋，放入薑絲和辣椒絲爆香，再放入軟翅和酸菜翻炒，此時加入約90c.c.的清水，蓋上鍋蓋稍微燜一下，待材料收汁。
3.掀開鍋蓋後加入白醋、黑醋和鹽調味即可起鍋。

烹飪小祕訣

如果喜歡吃辣，可以將酸菜改成韓國泡菜或是四川泡菜，而酸菜的份量則改成2片即可。

Deep-fried & Baked · Deep-fried & Baked · Deep-fried & Baked · Deep-fried

The Cuttle Fish Family

酥炸、烤類

酥炸類的料理對我而言眞像是致命的吸引力，又愛又怕熱量高，本篇內容還包括了需要利用烤箱烹飪的幾道食譜。酥炸類的料理都非常適合當作下酒、宴客或是過年時候準備的好菜；而焗烤類的料理則充滿著異國風味。你不妨就趁著親朋好友聚會時，秀幾道這一類的料理，讓餐桌的變化更豐富多采!

椒鹽花枝

Cuttle Fish with Ground Fagara & Salt

材料

花枝 ··························150公克
番薯粉 ··························適量
鹽 ································1茶匙
花椒粉 ························1/2茶匙
沙拉油 ··························適量

做法

1.花枝切段，取廚房紙巾將花枝擦乾，表面裹上番薯粉。
2.炸鍋內倒入適量的油，將花枝放入炸至金黃後撈起。
3. 另起1個乾淨的炒鍋，將鹽和花椒粉放入乾鍋中翻炒片刻，再將炸好的花枝放入快炒數下即可起鍋。

烹飪小祕訣

- 可以購買整粒的花椒，再利用研磨器將花椒粒磨成粗粒粉狀，味道會比花椒粉來得更好。

花枝丸

Cuttle Fish Ball

材料

花枝……………………600公克
鹽、白胡椒粉……………適量
沙拉油……………………適量
海苔碎……………………3大匙
炸油………………………1鍋

做法

1. 花枝切丁，與鹽、白胡椒粉混合拌勻，攪打成泥。
2. 準備1鍋滾水，將花枝料捏成圓球狀，丟入滾水中煮至丸子浮起，撈起丸子置於一旁待涼。
3. 將煮熟瀝乾的丸子放入油鍋中炸至金黃酥脆，起鍋後在丸子表面撒上少許海苔碎，可搭配胡椒鹽食用。

烹飪小祕訣

- 煮好的花枝丸冷卻後放入冰箱冷凍，待要油炸的時候再取出，不需解凍即可油炸。這道食譜的配方還可以加入相等份量的魚漿，與花枝泥一起混合攪拌。

The Cuttle Fish Family

章魚包

Octopus Dumpling

材料

章魚……………………150公克
豆芽菜……………………2碗
韭菜………………………4支
紅蘿蔔絲…………………1碗
鹽、五香粉 ………………適量
春卷皮……………………6張
麵糊 ………………………少許
炸油………………………1鍋

做法

1. 章魚燙熟冷卻後切片，韭菜切段，所有材料和調味料攪拌均勻為餡料。
2. 每張春卷皮先切半(圖1)，再切去邊緣呈2張長條型(圖2)，捲成三角形(圖3)，包入適量的餡料(圖4)，收口處沾一些麵糊以利黏合(圖5)。
3. 將包好的章魚包放入油鍋中炸至金黃後撈起瀝乾油份，可以搭配甜辣醬食用。

烹飪小祕訣

- 蔬菜的湯汁務必要瀝乾，以免春卷皮因為遇到水份而破裂。
- 油炸的食物中有包蔬菜時，因為蔬菜很容易就熟，所以最好先將海鮮類燙至熟狀態，再一起包裹油炸。

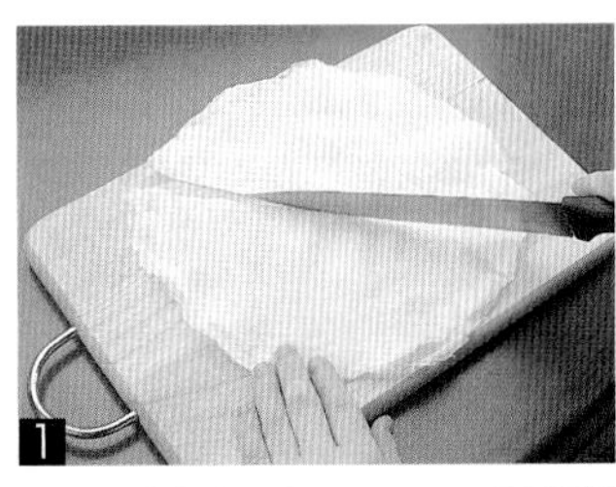

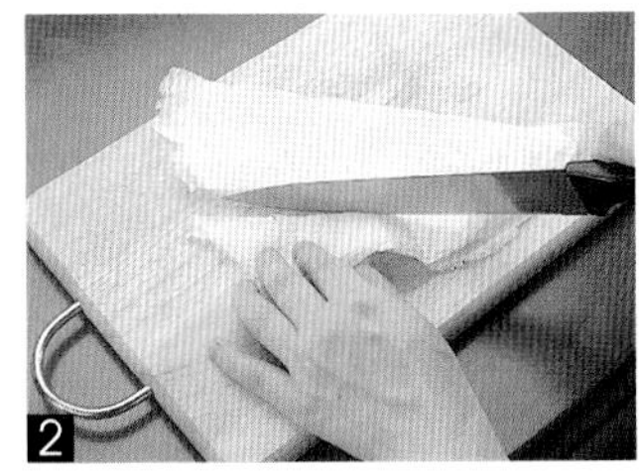

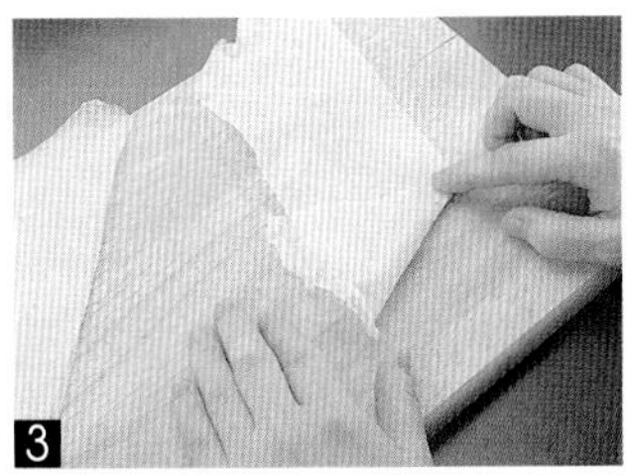

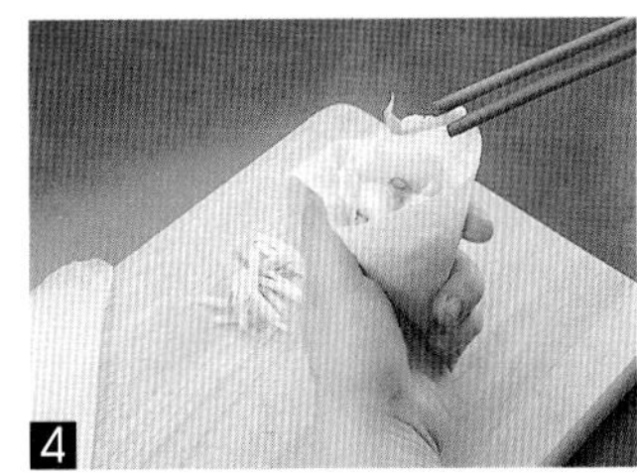

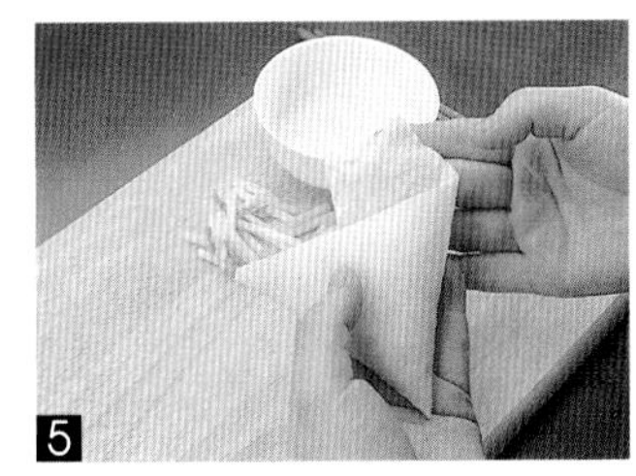

章魚天婦羅

Octopus Tenpura

材料

章魚……………………600公克
牛蒡…………………………1支
魚漿……………………1,200公克
炸油…………………………1鍋
(A)
薑泥………………………1大匙
細糖………………………2茶匙
米酒………………………3茶匙
太白粉……………………2大匙
蛋白…………………………1個
鹽、白胡椒粉 ………………適量

做法

1. 章魚燙至半熟，切片後備用，牛蒡切絲放入清水中浸泡，以防止變色。
2. 將(A)料混合攪拌備用，章魚、牛蒡絲和魚漿混合拌勻後，加入調好的(A)料混合均勻，將材料依同方向摔打出泥，蓋上保鮮膜放入冰箱醒30分鐘。
3. 將雙手抹油，取適量的餡料拍成圓扁狀，放入油鍋中炸至兩面金黃即可取出，可搭配甜辣醬和香菜末食用。

烹飪小祕訣

- 此道料理的所有材料全部要炸熟後才可食用，章魚只需以滾水稍微燙過即可，不需燙至全熟的狀態。如果使用全熟的章魚再進行油炸，容易造成章魚肉質過老。
- 通常材料經過摔打出泥的步驟，皆需放置一段時間醒過；如果只有攪拌均勻則不需要。

小卷酥

Small Neritic Squid

材料

小卷（小型）……………300公克
炸油……………………………1鍋

(A)

麵粉……………………130公克
泡打粉…………………1/2茶匙
蛋…………………………………2個
水……………………………1大匙
薑泥…………………………1茶匙
鹽 ……………………………適量

做法

1. 小卷洗淨瀝乾。
2. 將(A)料混合成濃稠的麵糊，把小卷沾上麵糊後丟入油鍋中炸至金黃後撈起，可搭配胡椒鹽食用。

烹飪小祕訣

- 如果購買的小卷是已經以鹽醃漬過，則務必先以滾水燙過去除鹹味後再烹調。

透抽
脆皮卷

Mashed Neritic Squid in Bean Sheet Roll

材料

透抽（中型）……………………2隻
魚漿………………………150公克
芹菜……………………………1把
蒟蒻………………………160公克
腐皮……………………………4張
鹽、五香粉 ………………適量
炸油……………………………1鍋

做法

1. 將透抽剝除外皮並去掉頭部，放入食物處理機內打成泥，與魚漿、鹽和五香粉混合攪拌均勻。
2. 芹菜摘除葉子，只保留莖的部分，蒟蒻切細長條，每張腐皮攤開，包入適量的餡料(圖1)，並放入整支芹菜莖和2條蒟蒻，再捲起成長條狀，收口處沾一點麵糊黏合(圖2)。
3. 炸油尚在低溫狀態時就將透抽卷放入油炸，待透抽卷浮起時轉大火再炸約1分鐘即可起鍋瀝乾油份，待微溫後切片食用。

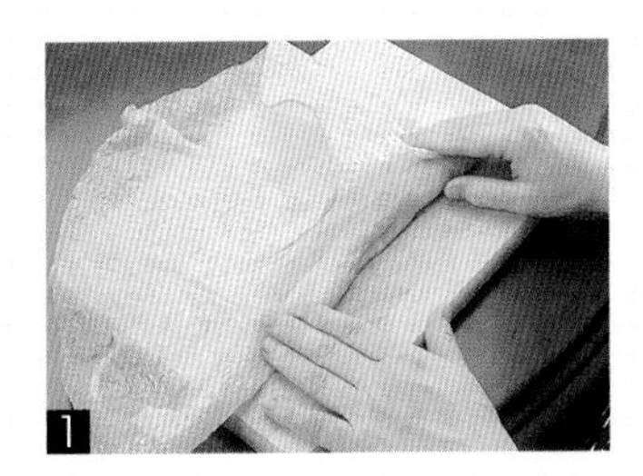
1

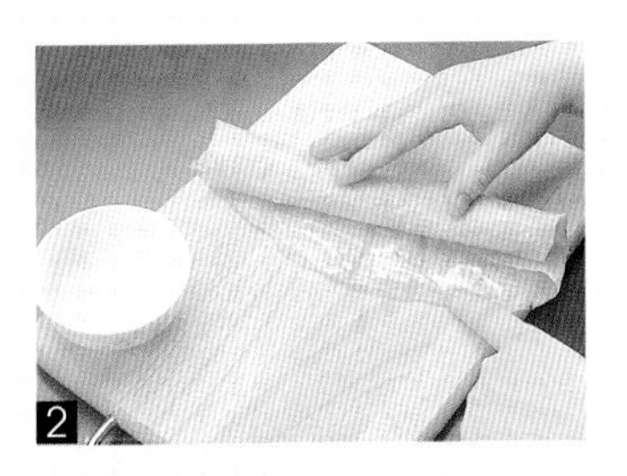
2

烹飪小祕訣

- 腐皮遇水後容易變軟或破裂，所以包裹的材料務必瀝乾。

酥炸透抽圈

Neritic Squid Ring

材料

透抽（中型）……………………1隻
麵粉………………………………1杯
蛋…………………………………2個
番薯粉…………………………1/2杯
麵包粉…………………………1/2杯
鹽、黑胡椒粉 ………………適量
炸油………………………………1鍋

(A)

新鮮番茄…………………………1個
黃甜椒…………………………1/2個
洋蔥……………………………1/2個
檸檬汁…………………………1大匙
芫荽 ……………………………少許
墨西哥紅辣椒醬(Tabasco)…1大匙

做法

1. 將(A)料中的番茄去皮，黃甜椒、洋蔥切小丁，與其他調味料混合拌勻冷藏備用。
2. 透抽切小段，表面先沾上麵粉後，再沾上蛋汁，最後裹上番薯粉、麵包粉、鹽和胡椒粉。
3. 將透抽料放入油炸鍋內炸至酥脆，起鍋後瀝乾油份置於盤上，搭配喜歡的調味料即可。

烹飪小祕訣

番茄的底部劃一個十字，放入滾水中汆燙後撈起，即可以很容易的將番茄皮剝除。

酥炸龍珠

Deep-fried Octopus Mouth

材料

章魚嘴……………………300公克
番薯粉………………………………1碗
鹽、白胡椒粉 ………………適量
炸油…………………………………1鍋

做法

1. 燒開1鍋滾水，將章魚嘴放入燙熟後撈起瀝乾。
2. 將瀝乾的章魚嘴裹上番薯粉，放入油鍋中炸至酥脆，撈起瀝乾油份，再均勻撒上鹽和胡椒粉即可食用。

烹飪小祕訣

章魚嘴（又稱龍珠）就是指章魚的嘴巴，一般超市較無法購得，可至大型魚市場、啤酒屋、海產店或賣鹽酥雞的攤販購買，其水份很多，務必先燙過後讓水份減少再行油炸，可避免油濺出來。

魷魚雪茄卷

Squid Roll

材料

發泡過的魷魚……………150克
荸薺 ……………………5～6個
豬絞肉…………………300公克
紫菜……………………………5片
白芝麻 ……………………半碗
炸油……………………………1鍋

(A)

鹽 ……………………………適量
米酒…………………1/2大匙
麻油 …………………………少許

做法

1. 魷魚切中段，荸薺先用刀背打碎後切末，與豬絞肉混合摔打出泥，再加入(A)料拌勻。
2. 紫菜剪成長條狀，舀入適量的餡料，捲起成雪茄狀，收口處沾一點麵糊以利黏合，兩端開口處再塞入適量豬絞肉並沾點麵糊（圖1），再沾上白芝麻（圖2）。
3. 將捲好的魷魚卷放入油鍋中以低溫炸至金黃後起鍋。

1

2

烹飪小祕訣

油溫過高或是炸得太久會使紫菜葉裂開，所以請控制油溫。

乳酪茄子焗軟翅

Baked Neritic Squid with Cheese & Eggplant

材料

軟翅……………………150公克
茄子…………………………3支
炸油…………………………1鍋
披薩乳酪絲…………………1杯

(A)

番茄…………………………2個
洋蔥………………………1/2個
番茄糊……………………2大匙
迷迭香…………………1/2大匙
清水…………………………1杯
鹽、黑胡椒粉 ………………適量
沙拉油 ……………………少許

做法

1. 軟翅切圓段，放入滾水中略燙後撈起，茄子切片，放入油鍋中炸軟後撈起瀝乾油份。
2. 將(A)料的番茄去皮去籽切丁，洋蔥切丁，放入平底鍋中以少許的沙拉油翻炒，待洋蔥呈現透明時，加入其他的材料和調味料，湯汁沸騰時即可關火。
3. 焗盤內先放入茄子，鋪上軟翅，接著淋上醬料，最後撒上乳酪絲，放入預熱220℃的烤箱內烘烤10分鐘，烤好後連同焗盤取出即可食用。

烹飪小祕訣

- 油炸茄子的時候油溫不宜過高，時間也不宜過久，這樣炸好的茄子口感才好吃。

海鮮酥盒

Seafood in Puff Pastry

材料

花枝	60公克
鮭魚	1片
青豆仁	1大匙
市售冷凍酥皮	8片
蛋汁	1個
奶油	80公克
低筋麵粉	80公克
清水	300c.c.
鹽	適量
杏仁片	少許

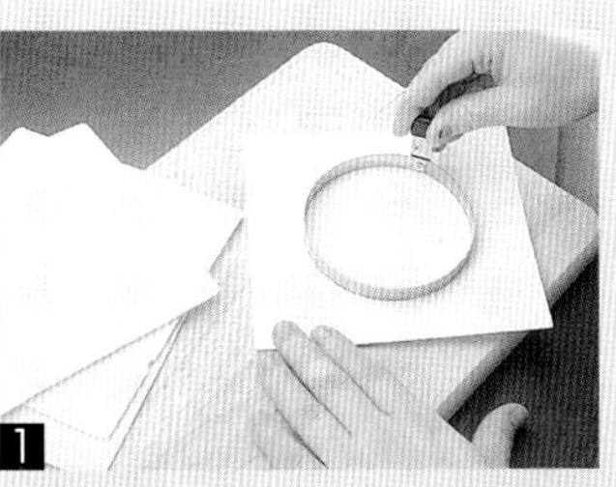

做法

1. 花枝切中段、鮭魚去皮切塊，與青豆仁一起放入滾水中燙熟後撈起備用。
2. 平底鍋內倒入奶油加熱，麵粉放入炒成麵糊，立刻倒入清水將麵糊攪散均勻，變成濃稠的白醬，此時加入燙過的花枝、鮭魚、青豆仁和鹽調味，並熄火。
3. 冷凍酥皮自冰箱取出後以大空心圓模(直徑10.5cm)將每1片酥皮都壓成圓形(圖1)，另外再準備1個小的空心圓模(直徑6cm)，將其中4片酥皮壓成甜甜圈狀(圖2)。
4. 每1片空心酥皮都壓在另外1片實心的酥皮上(圖3)，空心酥皮的表面並塗抹蛋汁，放入預熱200℃的烤箱內烘烤10分鐘，待酥皮膨脹並呈現金黃色即可。
5. 將炒好的餡料平均的填入烤好的酥皮內，表面撒上烤過的杏仁片即可食用。

烹飪小祕訣

- 冷凍酥皮不可放置在室溫下太久，以免質地軟化而不易操作。

照燒透抽

Terriyaki Neritic Squid

材料

透抽（大型）……………………1隻
檸檬……………………………1個
玉米粉…………………………2大匙
水………………………………5大匙

照燒汁

紅蘋果…………………………1個
洋蔥……………………………1個
紅蘿蔔…………………………1個
西洋芹…………………………4瓣
沙拉油…………………………3大匙

(A)

醬油………………………200c.c.
清水 ……………………1000c.c.
冰糖………………………210公克
白醋…………………………1大匙
米酒…………………………1大匙

做法

1. 先做照燒汁：將蘋果、洋蔥、紅蘿蔔和西洋芹切薄片，炒鍋內倒入沙拉油熱鍋，將切片的材料放入翻炒，炒至材料的邊緣呈現稍微的焦褐色。
2. 炒好的材料平鋪在烤盤上，放入烤箱以200℃烘烤15分鐘，取出放入攪拌機內打成蔬菜細泥狀。
3. 湯鍋內倒入(A)料和烤好的蔬菜泥，以中火慢煮並不停的攪拌至沸騰。
4. 準備細的砂布墊在濾網上，將鍋中的材料仔細過濾，濾出的蔬菜渣丟棄不用，過濾出的湯汁即是特製照燒汁。
5. 透抽縱向切半，肉身內部切十字斜紋，準備2支竹籤，插入透抽的身體。檸檬切片，鋪在透抽的兩面醃15分鐘。
6. 再將醃過的透抽浸泡在4大匙的照燒汁內至少1個半鐘頭，讓照燒汁入味。
7. 醃漬過透抽的照燒汁倒入鍋中加熱，調勻玉米粉和水將之勾芡。
8. 將透抽放置在烤架上，兩面均勻的抹上醬料，以慢火烘烤熟透後即可食用。

烹飪小祕訣

- 照燒汁的用途很多，不僅可以做醃料、烤汁，還可以淋在炸蝦飯或是炸豬排飯上，口感鮮美。

& Noodels · Soup, Rice & Noodels ·

The Cuttle Fish Family

湯品、飯、麵點類

湯品、飯、麵點類的料理有許多你熟悉的菜色，也有一些可能會覺得陌生的菜色，別擔心不容易製作而不敢嘗試，事實上材料都非常容易取得，只是換了不同的調味料而已，偶爾變個方式品嘗你熟悉的食材，也許可以製造生活中簡單的驚喜，何樂而不爲呢?

酥皮海鮮湯

Seafood Soup with Puff Pastry Cover

材料（2人份）

花枝片……………………100公克
草蝦…………………………4尾
蛤蜊…………………………8個
馬鈴薯丁……………………2大匙
玉米粒………………………1大匙
奶油 ………………………40公克
低筋麵粉 …………………40公克
清水………………………500c.c.
鹽、胡椒 …………………適量
市售冷凍酥皮………………2片
蛋……………………………1個

做法

1. 花枝、草蝦和蛤蜊放入滾水中燙熟後撈起，馬鈴薯和玉米也放入滾水中燙熟撈起。
2. 湯鍋內放入奶油，以小火融化後倒入麵粉拌炒，待形成麵糊時倒入清水將麵糊攪散開來，變成濃稠的湯汁，這時將燙過的花枝、草蝦和蛤蜊放入，待湯汁沸騰後加入鹽和胡椒調味。
3. 烤箱預熱220°C，將鍋中餡料倒入酥皮湯專用湯碗內，將蛋加少許水攪拌均勻，刷上薄薄一層於酥皮表面上後，蓋在湯碗上，放入烤箱烘烤10分鐘，待酥皮表面膨脹並呈現漂亮的金黃色即可。

烹飪小祕訣

如果一次要製作多人份的濃湯，則按比例增加奶油、麵粉和水的份量即可，只要記住奶油和麵粉的比例相同，水的份量則視自己喜好的濃稠度來調整。

海鮮味噌湯

Seafoode in Miso Soup

材料（3～4人份）

透抽……………………200公克
豆腐……………………………1盒
柴魚片…………………………1碗
味噌…………………………3大匙
清水…………10碗(約1,800c.c.)
青蔥末……………………少許

做法

1. 透抽切圓段，豆腐切塊，味噌先取2碗水攪拌均勻。
2. 剩餘的水混合柴魚片煮至沸騰，放入透抽和豆腐再次煮至沸騰，將味噌倒入攪拌均勻，改以中小火慢煮沸騰，撒上青蔥末後即可關火。

烹飪小祕訣

也可以用海帶芽替代柴魚片，煮出來的湯頭都一樣鮮美。

做法

1. 花枝切小段，與魚漿混合攪拌均勻，另外燒1鍋滾水，把裹著魚漿的花枝丟進去煮，待花枝浮起即可撈起。
2. 將(A)料燒開，放入筍絲和白蘿蔔丁，以中火慢煮沸騰，再將花枝料放入續煮，最後以太白粉水勾芡，食用前撒上香菜末和油蔥酥即可。

烹飪小祕訣

花枝羹的高湯可以使用魚骨頭、柴魚、昆布、小魚乾、白蘿蔔和紅蘿蔔，以小火慢慢熬煮約3個鐘頭即成。

花枝羹

Cuttle Fish in Vegetable Soup

材料(4～5人份)

花枝……150公克
魚漿……250公克
筍絲……半碗
白蘿蔔丁……半碗
香菜末……少許
油蔥酥……少許
太白粉……1大匙
清水……3大匙

(A)

高湯……6碗(約1,080c.c.)
黑醋……2大匙
蠔油……1大匙
鹽、白胡椒粉……適量

沙茶魷魚羹

Squid Soup with Barbecue Sauce

材料（4~5人份）

發泡過的魷魚……1條
九層塔……適量
黑木耳……5朵
筍絲……1碗
沙拉油……2大匙
太白粉……2大匙
水……適量
高湯……12碗(2,160c.c.)

(A)
黑醋……2大匙
醬油……2大匙
沙茶醬……2大匙
米酒……1/2大匙
鹽、白胡椒粉……適量

做法

1. 魷魚洗淨後切斜片狀，黑木耳切絲，九層塔只取葉子的部分洗淨。
2. 高湯放入湯鍋中煮至沸騰，加入(A)料攪拌均勻。
3. 起油鍋將筍絲和黑木耳炒熟，加入高湯中攪拌，再加入太白粉水勾芡，最後放入魷魚煮至沸騰，加入九層塔葉稍微攪拌一下後即可關火。

烹飪小祕訣

你也可以試著使用新鮮的魷魚來製作，但是新鮮的魷魚不易購買，如果使用乾的魷魚，則要在水中加少許的蘇打粉，浸泡約4個鐘頭，再用大量的清水沖刷乾淨。

翠玉軟翅豆腐羹

Neritic Squid in Vegetable Tofu Soup

材料（2～3人份）

軟翅……………………100公克
青豆仁…………………2/3碗
豆腐……………………1盒
蛋………………………1個
太白粉…………………1大匙
清水……………………適量
蛋………………………1個
柴魚片、麻油…………少許

(A)

清水…………8碗(約1,440c.c.)
昆布……………………2片
鹽、白胡椒粉…………適量

做法

1. 軟翅切斜片，放入滾水中燙熟後撈起，立刻放入冰水中浸泡。青豆仁水煮瀝乾，放入果汁機內打碎，豆腐切小丁塊。
2. (A)料的清水和昆布煮至沸騰，將昆布取出丟棄，加入鹽、白胡椒粉調味。放入青豆仁泥和豆腐丁，以中火煮至沸騰，再將軟翅放入，並加太白粉水勾芡。
3. 起鍋前淋上蛋汁、柴魚片和麻油即可。

烹飪小祕訣

- 如果不嫌麻煩，可以將豆腐表面沾上少許太白粉，入油鍋中炸至金黃，待羹湯煮開以後再將豆腐置入，豆腐感覺特別酥脆。
- 豆腐可使用傳統板豆腐或一般盒裝嫩豆腐。

章魚炒飯

Stir-fried Small Octopus Rice

材料（2～3人份）

小章魚……………………100公克
蘑菇 …………………………半碗
干貝 ……………………………3顆
九層塔 …………………………3支
白飯 ……………………………3碗
鹽、黑胡椒粉 ………………適量
沙拉油 ………………………2大匙
巴西里末 ……………………少許

做法

1. 干貝先浸泡在清水中待軟，將泡軟的干貝放入電鍋內蒸過，再取出撕成一絲一絲。
2. 蘑菇切片，九層塔只取葉子的部分洗淨擦乾備用。
3. 炒鍋內放入沙拉油熱鍋，先放入章魚和蘑菇炒過，再放入白飯和干貝絲炒鬆，起鍋前放入九層塔葉，最後加鹽、胡椒和巴西里末調味即可。

烹飪小祕訣

干貝泡軟之後，可以放入飯鍋內與米飯一起蒸熟，蒸好的干貝飯放涼或隔夜再用來製作炒飯，切記務必冷藏保鮮。

海鮮燴飯

Stir-fried Seafood Rice

材料（3～4人份）

發泡過的魷魚 ……………半隻
海蔘 ………………………1隻
蝦仁 ………………………1/2碗
蛤蜊 ………………………1/2碗
紅蘿蔔 ……………………1/2個
青江菜 ……………………3根
玉米粒 ……………………1大匙
冷白飯 ……………………4碗
太白粉 ……………………1大匙
清水 ………………………180c.c.
沙拉油 ……………………3大匙

(A)

鹽、黑胡椒粉 ……………適量
蠔油 ………………………1大匙
米酒 ………………………1/2大匙

做法

1. 魷魚切斜片、海蔘切段、蝦仁去腸泥、蛤蜊吐沙、紅蘿蔔切薄片、青江菜剝成一片一片備用。
2. 起油鍋，放入所有海鮮、蘿蔔、青江菜和玉米粒，以大火快速翻炒，至材料約八分熟的時候起鍋。
3. 鍋內再倒入剩餘的沙拉油，放入冷飯炒鬆，將炒至八分熟的材料放入翻炒均勻，加入(A)料調味，最後再加入太白粉水勾芡即可食用。

烹飪小祕訣

由於海鮮燴飯的配料豐富，如果不事先炒至八分熟，很有可能將材料炒得過老，因此這個步驟務必不能省略。

MAISON
ALBERT
BICHOT
Vosne-Romanée

海鮮披薩

Seafood Pizza

材料（3～4人份）

餅皮

乾酵母……………………2茶匙
溫水………………………3/4杯
奶油 ……………………30公克

(A)

高筋麵粉…………………300公克
細糖………………………1大匙
鹽…………………………1/4茶匙
蛋…………………………1個
鹽、黑胡椒粉 ……………適量

披薩醬

洋蔥………………………1/2個
奶油 ……………………30公克

(B)

番茄糊……………………1小罐
番茄丁……………………2杯
清水………………………2杯
義大利綜合香料…………1大匙

披薩餡

花枝 ……………………適量
章魚 ……………………適量
蝦仁 ……………………半碗
青椒………………………1個
紅甜椒……………………1個
玉米、青豆仁……………各1大匙
披薩乳酪絲………………2碗

做法

1. 製作餅皮：將乾酵母倒入溫水中，靜置5分鐘使酵母融化（圖1）。融化的酵母水與（A）料混合（圖2）搓揉成糰，再將奶油混合加以搓揉，使麵糰表面光滑並產生彈性（圖3）。
2. 鋼盆內部塗抹一層薄薄的沙拉油，將搓揉完成的麵糰放入鋼盆中，蓋上保鮮膜或是1塊乾淨的布，放置在溫暖處發酵60分鐘。
3. 製作披薩醬：洋蔥切細丁，奶油放入炒鍋中加熱，將洋蔥放入炒香。（B）料混合均勻後，與洋蔥混合煮至沸騰，湯料呈現濃稠狀時即可關火。待材料降溫後放入攪拌機內打成泥狀。
4. 製作披薩餡：花枝切圓段、章魚切薄片、蝦仁去腸泥、青椒和紅甜椒切段。
5. 將發酵完成的麵糰取出，用手按壓趕出空氣，工作檯上撒一點麵粉，將麵糰搓揉成圓球狀，靜置15分鐘後再用擀麵棍擀成圓形的餅皮，放置在披薩模型內或是烤盤上（模型內或烤盤上都要抹油），餅皮表面用叉子搓出數個小洞（圖4）。
6. 取適量的披薩醬塗抹在餅皮上（圖5），鋪上披薩餡，最後撒上披薩乳酪絲，放入預熱220°C的烤箱內烘烤15～20分鐘即可取出切片食用。

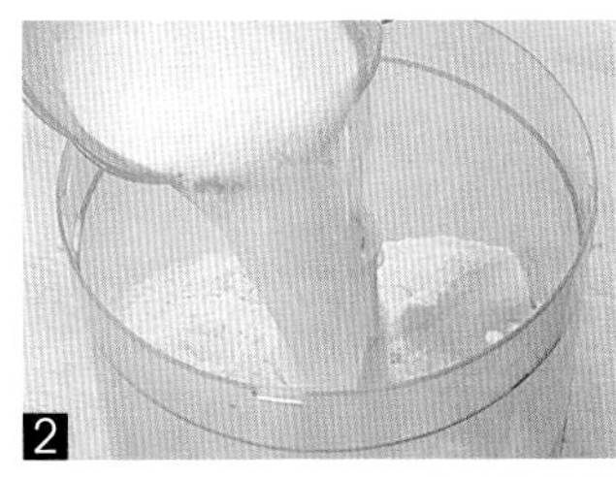

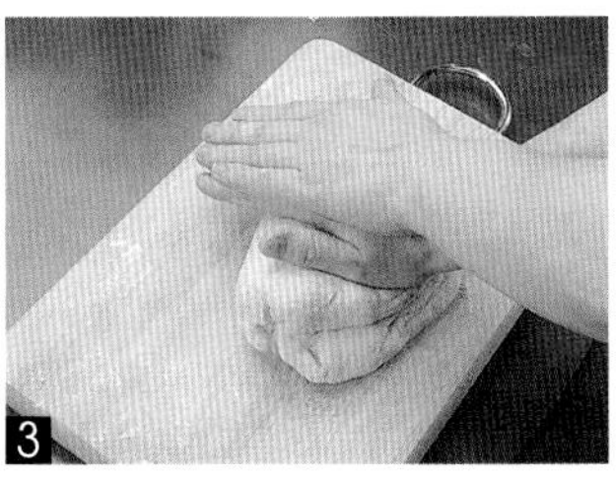

烹飪小祕訣

- 披薩醬可以隨個人口味而變化，喜歡大蒜口味就加些蒜末，喜歡辛辣口味就多加一點辣椒。
- 番茄糊（Tomato Paste）是比番茄醬更濃的佐料，一般超市均有售。

奶油軟翅焗麵

Baked Neritic Squid Fusilli with Cream Sauce

材料（2人份）

軟絲 ……………………60公克
雞丁 ……………………40公克
香腸丁 …………………40公克
義大利螺旋麵 …………180公克
乳酪粉 …………………1大匙

(A)

奶油 ……………………40公克
麵粉 ……………………40公克
鮮奶 ……………………240c.c.
鮮奶油 …………………120c.c.
鹽 ………………………適量

做法

1. 將軟翅和雞丁燙熟，香腸丁放入烤箱以200°C烤約5分鐘，義大利麵放入滾水中煮熟後撈起瀝乾。
2. 平底鍋內放入(A)料中的奶油熱鍋，倒入麵粉炒成麵糊，再將鮮奶和鮮奶油倒入攪拌均勻，成為濃稠的白醬，最後加鹽調味。
3. 將燙熟的材料混合在一起，舀入焗烤盤內，淋上適量的(A)料，並在表面撒上乳酪粉，放進預熱200°C的烤箱內烘烤10分鐘，烤好之後即可取出食用。

烹飪小祕訣

義大利麵的造型有很多種，通常適合製作焗麵的材料以空心麵、螺旋麵或是貝殼麵為主。

奶汁魷魚義大利麵

Squid Linguine with Cream Sauce

材料（2人份）

發泡過的魷魚 ……………80公克
洋蔥 …………………………1/4個
蘑菇 ……………………………4朵
大蒜末 ……………………1/2大匙
橄欖油 ………………………2大匙
鮮奶油 ………………………3大匙
鹽、黑胡椒粉 ………………適量
巴西里末 ……………………少許
義大利麵 …………………180公克

做法

1. 將魷魚切片、洋蔥切絲、蘑菇切片備用。
2. 將麵條放入滾水中煮約7～8分鐘，待麵條變軟後即撈起瀝乾。
3. 平底鍋內倒入橄欖油熱鍋，放入大蒜末和洋蔥絲炒香，再將魷魚、蘑菇放入炒熟。
4. 將煮好的麵條放入平底鍋中，並加入鮮奶油拌勻，最後撒上鹽、胡椒和巴西里末即可。

烹飪小祕訣

- 巴西里(Parsley)是西菜常用的香料植物，在超市的調味料區可以找到罐裝的乾燥巴西里末。
- 發泡過的魷魚也可使用新鮮的魷魚來替代。

茄汁章魚義大利麵

Octopus Linguine with Tomato Sauce

材料（2人份）

章魚 ··························80公克
義大利麵 ····················180公克

(A)

大蒜 ································2片
番茄 ································2個
洋蔥 ·····························1/4個
九層塔 ····························2支
番茄糊 ························1大匙
清水 ························100c.c.
奧力岡葉末 ················1/4大匙
鹽、黑胡椒粉 ··················適量
橄欖油 ························2大匙

做法

1. 將義大利麵放入滾水中煮約7～8分鐘，煮好之後撈起瀝乾。章魚燙熟切薄片備用。
2. 大蒜切片，番茄去皮去籽切丁，洋蔥切丁，九層塔只取葉子的部分洗淨。
3. 平底鍋倒入橄欖油熱鍋，放入大蒜、洋蔥炒香，調勻番茄、清水和番茄糊後倒入鍋中，再加入熟章魚和奧力岡葉末、鹽、黑胡椒粉，待湯汁略為收汁時，將煮好的麵條放入拌勻，最後將九層塔葉放入翻炒一下即可起鍋。

烹飪小祕訣

- 喜歡酸味的人可以再加1茶匙檸檬汁提高酸度。
- 奧力岡葉(Oregano)，是西菜常用的香料植物，在超市的調味料區可以找到罐裝的乾燥奧力岡葉末。

墨魚麵條

Squid Noodles

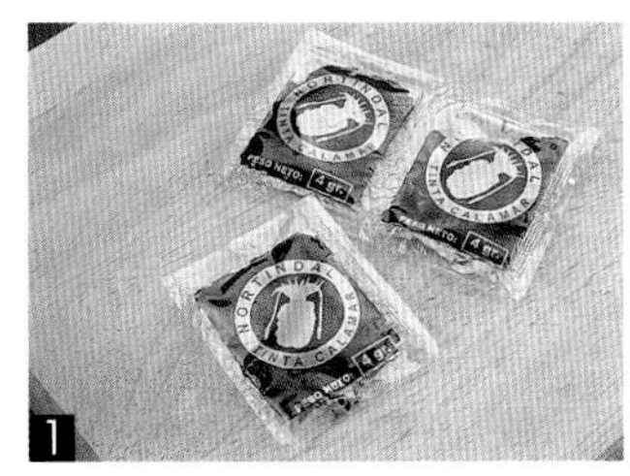

1

材料

中筋麵粉…………………300公克
蛋………………………………2個
市售墨魚汁……………………2包
清水 …………………70～90c.c.
鹽 ……………………………少許

2

做法

1. 中筋麵粉和鹽過篩，放入蛋和墨魚汁(圖1)攪拌均勻。
2. 將水徐徐倒入麵糊中，搓揉成光滑而且有彈性的麵糰(圖2)。
3. 揉好的麵糰蓋上乾淨的布，靜置於室溫下約30分鐘。
4. 將麵糰分成數等份，用擀麵棍稍微擀薄，再利用製麵機將麵皮製成粗細不同的麵條即可(圖3、4)。如想有更好的視覺享受，亦可嘗試製作特別的造型(圖5)。
5. 非立刻使用的麵條請撒上少許麵粉(圖6)，放入冰箱冷凍保存。

3

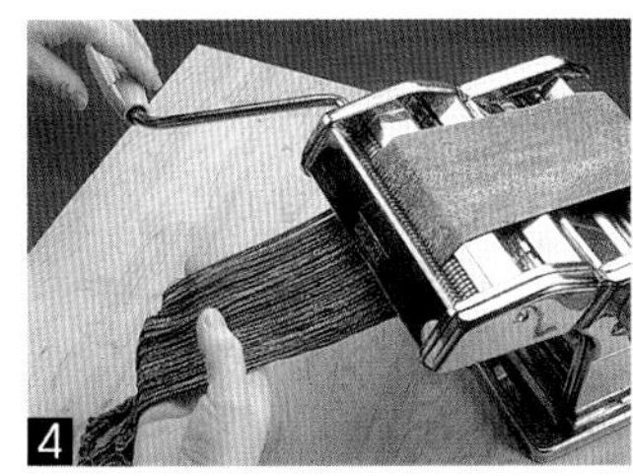

4

烹飪小祕訣

- 擀製麵糰時務必撒上適量的麵粉，以免麵皮黏合而影響麵條的品質。
- 市售墨魚汁可至進口食品材料行購買，是已經除去雜質的濃縮墨魚汁，操作時不會黏手；如直接利用花枝腹中所取出的墨囊，其成份和品質有明顯的差異。
- 製麵機使用在擀薄麵皮時較不費力，且可做出整齊粗細不同的麵條；市價約1,000元左右；如沒有也可用刀切割，但技巧不好的話，較無法切出整齊且細的麵條。

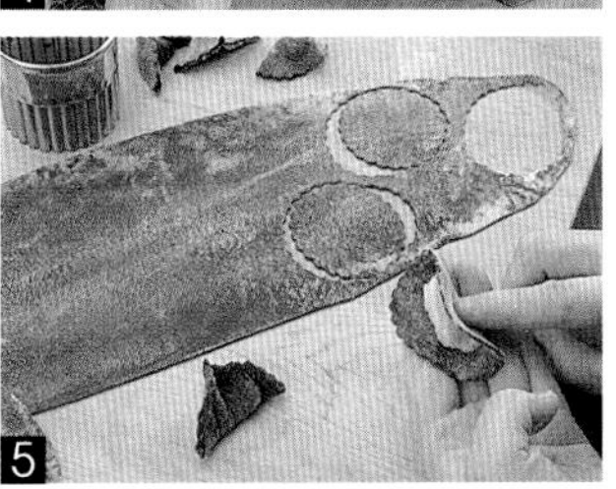

5

6

RECOLTE 1997
MAISON
ALBERT BICHOT

墨魚汁義大利麵

Squid Spaghetti

材料（1人份）

- 花枝 ……………………70公克
- 橄欖油 ……………………2大匙
- 大蒜 ……………………3瓣
- 墨魚汁 ……………………1包
- 墨魚細麵條 ……………………100公克
- 清水 ……………………足量
- 白酒 ……………………2大匙
- 鹽 ……………………少許
- 白胡椒粉 ……………………適量

做法

1. 花枝切小段，放入滾水中燙過後撈起。大蒜切片。將麵條放入燒開的清水內（清水量需蓋過麵條）煮約7～8分鐘，煮好的麵條撈起瀝乾。
2. 平底鍋內倒入橄欖油熱鍋，先放入大蒜爆香，再放入花枝和墨魚汁翻炒。
3. 將煮好的麵條放入平底鍋中翻炒，加入白酒、鹽和白胡椒粉調味後即可起鍋。

烹飪小祕訣

請特別注意鹽的用量，因為墨魚麵條本身已經有鹹度。

每道菜色都有清楚的步驟圖，初學者就能上手。◎專業的食譜老師親身示範，輕鬆進入烹飪世界。

Cook50004

●酒香入廚房

—用國產酒做菜的50種方法

圓山飯店中餐開發經理

劉令儀著　定價280元

繼《酒神的廚房：用紅白酒做菜的50種方法》之後，作者再接再勵教讀者以國產公賣局酒添加入食材中，提高食物的色香味。

酒類包括高梁、紹興、米酒、水果酒及啤酒等。

本書為目前市面上第一本以國產酒入菜的創意食譜。包括魚蝦海鮮、雞鴨家禽、豬牛畜肉以及什蔬、主食、及甜點。

Cook50003

●酒神的廚房

—用紅白酒做菜的50種方法

圓山飯店中餐開發經理

劉令儀著　定價280元

本書為目前市面上第一本以紅白葡萄酒入菜的創意食譜。包括涼拌沙拉、羹湯類、熱食主菜及甜點冰品。

步驟簡單，做法容易，適合追求時尚、效率，求新求變的年輕上班族。

作者現任台北圓山飯店中餐開發部經理，曾任美國洛杉磯希爾頓飯店中餐開發經理。擅長創新做菜，是食譜界的明日之星。現為NEWS98「美食報報報」節目主持人。

吳淡如、林萃芬、鄭華娟、陳樂融、蘇來、景翔專文推薦。

Cook50002

●西點麵包烘焙教室

—乙丙級烘焙食品技術士考照專書

陳鴻霆、吳美珠著

定價420元

由乙丙級技術士教導如何準備乙丙級烘焙食品技術士檢定測驗。

乙、丙級麵包及西點蛋糕項目。

最新版烘焙食品學題庫。

提供歷屆考題，每道考題均有中英文對照的品名、烘焙計算、產品製作條件、產品配方及百分比、清楚的步驟流程，以及評分要點說明、應考心得、烘焙小技巧等資訊。

Cook50001

●做西點最簡單

西華飯店點心房副主廚

賴淑萍著　定價280元

蛋糕、餅干、塔、果凍、布丁、泡芙、15分鐘簡易小點心等七大類，共50道食譜。

清楚的步驟圖，就算第一次下廚也會做！

詳細的基礎操作，讓初學者一看就明瞭。

事前準備和工具整理，做西點絕不手忙腳亂。

作者的經驗和建議，大大減少失敗機率。

常用術語介紹，輕鬆進入西點世界。

輕鬆做002

●健康優格DIY

楊三連、陳小燕著

定價150元

帶領讀者在家自己製作衛生、高品質的優格。

沾醬、濃湯、菜餚、點心，以及最受歡迎的點心飲料，都可以加上優格，增添味覺新體驗。

優格護膚小秘方，優格輕盈苗條法。

關於優格的小常識及疑問解答。

輕鬆做001

●涼涼的點心

喬媽媽著　特價99元

剉冰、蜜豆冰、雪泥等沁涼冰品。

五彩繽紛果凍及軟軟布丁。

洋菜凍、吉利丁、吉利T的比較。

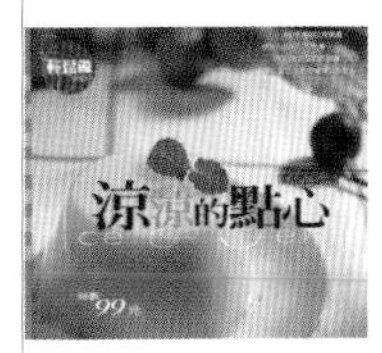

樂進入烹飪新世界

2.請到郵局劃撥朱雀文化事業有限公司19234566　3.請親洽朱雀文化（02）2708-4888　歡迎來出版社喝杯茶呀！

朱雀文化事業有限公司　台北市建國南路二段181號8樓 電話：(02)2708-4888　傳真：(02)2707-4633

國家圖書館出版品預行編目資料

花枝家族：花枝、章魚、小卷、透抽、軟翅、魷魚大集合 / 邱筑婷著. — 初版 —
臺北市：朱雀文化，2000[民89]
面； 公分. —(COOK 50；15)
ISBN 957-0309-22-9(平裝)

1. 食譜—海鮮

427.254 89014525

花枝家族 The Cuttle Fish Family

～花枝、章魚、小卷、透抽、軟翅、魷魚大集合～

(cook50015)

作者 邱筑婷
攝影 陳弘暐
美術編輯 葉盈君
食譜編輯 葉菁燕
企畫統籌 李 橘
發行人 莫少閒
出版者 朱雀文化事業有限公司
地址 北市建國南路二段181號8樓
電話 02-2708-4888
傳真 02-2707-4633
劃撥帳號 19234566 朱雀文化事業有限公司
e-mai redbook@ms26.hinet.net
網址 http://redbook.cute.com.tw
總經銷 展智文化事業股份有限公司
ISBN 957-0309-22-9
初版一刷 2000.10

定價 280元
出版登記 北市業字第1403號

Cook 50

Cook 50

Cook 50

Cook 50